香港談食錄

—— 環宇美食

一 徐成 著 一

目錄

創　海藻膠、乾冰、鑊氣、梅菜和茅台｜Bo Innovation　　10
　　筷子與刀叉｜VEA　　18
　　在文華酒店廚房中進餐｜Krug Room　　30

法　風物長宜放眼量｜Le Jardin /　　42
　　L'Atelier de Joël Robuchon
　　在海膽離開前聊聊｜Amber　　51
　　旅程一頁，人生一刻｜Ta Vie 旅　　59

意　大白和白松露及其他｜8½ Otto e Mezzo Bombana　　76
　　兩種意式風情｜Da Domenico、Carbone　　84

拉　南美雙雄｜MONO、Andō　　98

歐　天涯若比鄰｜Caprice、L'Envol、Estro、　　118
　　Neighborhood

日　大師坐鎮｜The Araki　　148
　　吉武照進志魂｜すし志魂　　160
　　框架之外，主旨之內｜鮨まさたか　　170
　　燒鳥的意識形態｜Yardbird　　179
　　傍晚天空中的懷石料理｜天空龍吟　　190
　　巷深酒香｜Godenya　　199
　　威士忌吧中的美式割烹｜RŌNIN　　209

亞　　尋味亞洲｜泰麵、New Punjab Club、Chaat、　　　220
　　　　鮨さいとう、寿し雲隠、Nikushou、Hansik Goo、
　　　　Mosu

宵　　燈火闌珊處，杯盞不曾停｜聚興家、容記小菜王、　　270
　　　　增輝廚藝、高流灣海鮮火鍋、火井火鍋海鮮飯店、
　　　　方榮記、亞南雞煲、秀殿、避風塘興記

餐廳索引　　　　　　　　　　　　　　　　　　　　　　284
參考書目　　　　　　　　　　　　　　　　　　　　　　296

海藻膠、乾冰、鑊氣、桂

筷子與刀叉

在文華酒店廚房中進駐

合創、

FUSION

海藻膠、乾冰、鑊氣、梅菜和茅台 [1]

Bo Innovation

或許中餐不會沿著這條道路發展，但多一點探索便多一份認知。

　　六月份陪著來香港玩的朋友又去了一次 Bo Innovation（下文以其中文名廚魔代稱），便沒有再關注這餐廳了。若不是幫朋友組局，我可能會一直缺乏重訪的動力。

　　平心而論，我並不討厭廚魔。即便第一次拜訪時在餐前小點「雞蛋仔」中一口吃出頭髮，也並不妨礙我品嚐接下去的菜品。服務員換了一份「雞蛋仔」後，也似乎無事發生過。

　　主廚梁經倫（1961- ）自稱「廚魔」[2]，他的烹飪則自成一體，天馬行空，佔盡了自學的好處。但大體上，吃過一次之後

便會興趣寡然，套路既已經歷，第二次吃的時候便少了大半樂趣。初次品嚐時的味覺、視覺、嗅覺樂趣是廚魔最大的特色，拋卻這一塊，我找不到重訪的動力。

當然，如果菜單常換常新，自然還值得不停回訪。可廚魔菜單在近三年基本穩定，烹飪風格也相對固定化，菜單更新速度極慢，每季基本只更換一兩個菜。因此我身邊很多朋友來此便是吃新鮮，多次回訪的並不多見。

主廚梁經倫乃倫敦出生，加拿大安大略省士嘉堡（Scarborough, Ontario）長大之華裔。作為一個遊走在中國傳統烹飪與西方現代烹飪之間的觀察者，他可用更為超脫的眼光去看待這兩個烹飪體系，從而形成了自己所謂「極限中菜」（X-treme Chinese）的理念。這理念不難理解，便是用現代技術去解構傳統中餐，使之成為一道道形散神不散的俏皮之作。

梁經倫早年支持「關懷愛滋」（AIDS Concern）而大膽創製的「海灘性愛」（Sex on the Beach）曾令其名聲大噪，也讓中環雪廠街這家小酒館（該小酒館原叫 Bo Inosaki，這也是 Bo Innovation 名字的來源）改造的餐廳獲得了更多關注。

二〇〇九年《米其林指南》登陸港澳，廚魔首戰便取得二星，雖然次年跌落至一星，但很快奪回。二〇一四年至今更一直都是米其林三星餐廳[3]。相對保守的米其林，在這一個決定上似乎非常大膽。港澳地區其他七家三星都是傳統範疇內的餐廳，只有廚魔一家以分子料理、融合菜著稱。

二〇一二年末 Bo London 開幕，次年九月獲得米其林一星，但二〇一四年便結業，據說是因為嚴重的漏水問題。二〇

一六年廚魔在上海開業[4]，也算是西邊不亮東邊亮了。

今年（編按：即二〇一六年）下半年廚魔本店從灣仔嘉薈軒（J Residence）二樓搬到了一樓，雖然只是樓上樓下的區別，但也算廚魔第二次搬家了（第一次便是從雪廠街搬到嘉薈軒）。之前我造訪的都是嘉薈軒二樓的舊址，整體空間狹小，桌子安排的較為密集。從空間感而言，相對逼仄。用餐大廳呈長方形，靠近入口的一頭是開放式廚房，食客可以看到廚師們的一舉一動。

廚魔的菜品試圖拆解中餐，用現代方法進行重構。其中用到的很多原料及概念對於外國食客而言是絕對陌生的，比如糟滷、茅台酒、蝦油、梅菜，以及粵人常說的「鑊氣」等等。

當服務員拿著一瓶糟滷介紹給我們聽的時候，服務的非個性化便體現出來了：因為大部分中國食客對這些食材和概念非常熟悉，服務員按部就班地講解、展示，顯得畫蛇添足。

目前廚魔的晚餐分為紅色及藍色兩個菜單，大部分的菜品是一樣的，只不過藍色菜單道數更多，部分菜的食材更為名貴。我第一次造訪時，晚餐有三個菜單，我挑選了主廚菜單（中間一檔），共十三道菜的主廚菜單（其中有一道額外加錢的黑松露菜，我跳過了）。從菜單的結構而言，介於目前紅色菜單與藍色菜單之間。

廚魔的菜單設計依舊按照前菜、主菜和甜品的傳統邏輯排列，菜與菜之間並無太多邏輯關係。相對而言，其上海分店倒用了討巧的方法，將菜單按照八大菜系劃分，似乎顯得邏輯更為明確直白。

玩理念並不能給一家餐廳提供持續的生命力，幾乎沒聽過別人誇讚廚魔的整體菜單，很多時候大家都會說某某餐廳今年某季菜單很不錯，但討論起廚魔似乎總是關於幾個單品菜。

比如名聲最大的「分子小籠包」（Molecular "Xiao Long Bao"）。海藻膠與碳酸鈣溶液的遊戲，流行了很多年。最經典的是反向球化仿製橄欖，但用此法重組小籠包，在當年確實有趣。口感全然變了，但汁水在嘴裡炸開的一刻，味覺體驗依舊是熟悉的肉餡兒小籠包。

再進一步便是化為泡沫的「子薑皮蛋」了，這是我第一次拜訪時的第一道菜。乾冰搞得雲氣升騰，勺子上的粉色泡沫，聞著有股淡淡的玫瑰香，吃進去卻是皮蛋和薑水的味道。泡沫容易嗆人，外觀和味道反差如此大的泡沫更會讓人一驚。

第一次去時，每一道菜味道都不錯，細節上也有不少心思，但確實雁過無痕。很多概念在重訪時才回想起來。比如「鑊氣」，便是第二次遇到時才想起來。

所謂「鑊氣」，說的是菜品出鍋時那種因溫度及時間而產生的特殊感覺，是一種可以感知卻無法定量研究的概念。

鑊，乃古代煮牲肉之大銅器，後來演變成「鍋」之意。粵語更有「大鑊」（大麻煩）等俗語，而吳語方言中也將鍋子稱為「陶鑊」。歸根結底「鑊氣」是抓不住的，廚魔倒好，竟然有「鑊氣粉」（"Wok Air" Powder）。許是陳年鐵鍋高溫快炒某些香料製成的；除此之外，還有所謂「鮮味油」（Umami Oil），本質上是一種蝦油。

這兩樣東西在廚魔的慣常搭配是與麵條及海鮮，這海鮮

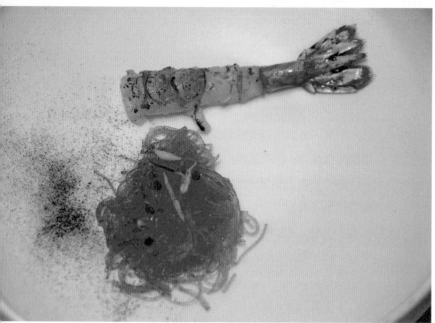

上｜分子小籠包

下｜牡丹蝦蝦油鑴氣粉

有時候是金槍魚腹肉（泡沫化），有時候則是加拿大卡提瑪特（Kitimat）產的牡丹蝦（微炙）。這一道菜的形式雖然會變，但本質卻一直很穩定，用的是中餐裡「鮮」與「鑊氣」的概念，這也是粵菜的精華所在。但最後的結果，這兩個概念只是浮游表面而已。

廚魔還有兩道菜比較有趣，一個是梅菜鵝肝，一個則是混入了茅台的雞尾酒。梅菜鵝肝在晚餐菜單裡不一定有，但在午餐廚師菜單裡是堅挺的存在。梅菜的味道是鮮菜所不能比的，乃提香解膩的利器。比如與五花肉合蒸，時間久了，肉的油水浸潤梅菜，肉不膩，而梅菜也熟軟鮮香，融合了肉的香氣。

與鵝肝搭配，不僅解膩提味，而且梅菜的香氣與鵝肝有一種獨特的和諧感。這之後，廚魔在上海 Daimon 餐廳中還推出了鵝肝梅菜鍋貼，但餡料太乾，兩種食材還沒互相融入，味道就差了一大截。

「茅台」是我一直以來很喜歡的一道菜，嚴格來說只是一道類似懷石、會席裡面「中豬口」（なかちょこ）的菜。通常放在主菜前，起到清新調節的作用。除了少量茅台酒以外，裡面有山楂、香茅及百香果等酸香的水果及香料。外觀看似楊枝甘露，但清爽不少。

會讓外國食客覺得有趣的，大概是這爵，雙手捧爵而飲，頗為獵奇。但實際一桌客人都仰面飲酒，卻有點喜劇感，真擔心角度不對，茅台灑一臉。

在香港的米其林三星餐廳中，廚魔可能是爭議最大的，有人熱捧，有人不喜。不似有些餐廳大家基本一致認為夠格或一

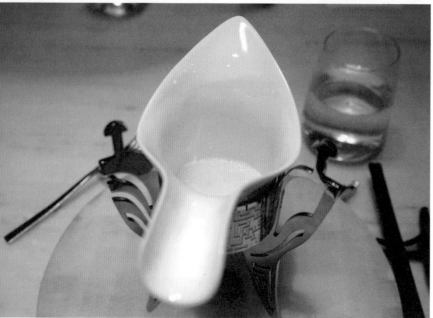

上｜梅菜鵝肝

下｜茅台

致認為不夠格。有爭議對餐廳而言其實是好事，也從側面說明主廚的嘗試是有意義的。至少在中餐的可能形式上，梁經倫主廚做出了一些自己的探索和詮釋。或許中餐不會沿著這條道路發展，但多一點探索便多一份認知，無論表裡，總是比墨守成規、故步自封來得高明。

註

1. 寫於二〇一六年十一月十五至十九日；寫作前一次拜訪於二〇一六年六月。
2. 他解釋稱 Demon 來自於希臘語的 Daimôn，有邪神、守護神之意；這也是他之前所開的上海親民餐廳的名字。
3. 二〇二〇年跌回二星。
4. 已結業。

筷子與刀叉 [1]

VEA

VEA 走的是完全不同的一條道路，它的融合是有機而平衡的。

〔創〕

　　日系法餐進入食客視野已多年，許多不習慣正統法餐重乳重醬汁的亞洲食客在相對清新的日系法餐中找到了庇護所。從日系法餐的概念出發，轉而來看大中華區的法餐，雖也有些走融合路線的，但並沒有形成所謂「中系法餐」的分類，蓋因活躍在頂級法餐舞臺上的中國廚師人數較少，尚未形成一股勢力；而許多所謂融合菜，實際上多落入不倫不類的境地。

　　說起中法融合路線，容易想起老牌三星餐廳廚魔，但廚魔者常在吃菜前，拿出些瓶瓶罐罐的中式調味料、食材或酒品來向食客展示，有些流於表面。最近幾年城中有一熱門餐廳倒是將中法融合菜的理念提上了一個新臺階——年輕主廚鄭永

麒主理的 VEA 是也。VEA 自開業之初便樹立了中法融合的路線，法餐為體，中餐為用，將兩種烹飪體系以自然和諧的方式結合在一起。經過三年多的發展和調整，主廚鄭永麒在這條中法融合的道路上走得越來越堅定，也越來越穩妥。

最近去品嚐 VEA 的新菜單，發現菜單結構較以前更為合理，廚房節奏亦大幅改進，菜與菜之間的間隔較以前顯著縮短，使得用餐時間不會過久。每一次去都會發現一些細節上的改進和提高，而這一次最大的變化則在菜品上——「海味三部曲」經過三年的開發終於成型。

新作品二十九頭乾鮑皮蒂維耶派（Pithivier，或譯皇冠派）[2]可謂天馬行空，相較之前的釀脆皮海參和鷹鯧魚汁扣花膠更為大膽。餐廳經理本傑明（Benjamin）[3]在我面前輕輕切開烤製好的皮蒂維耶派，將其一分為二，露出了層次分明的內部。酥皮下面是一層雲南野生羊肚菌末混入剁碎的鵝掌茸，內層上方為軟嫩濃郁的鵝肝，下方是溏心柔潤的鮑魚。以如此之法將乾鮑燜煮好後釀入皮蒂維耶派中，實在是前無古人的。直覺上講，處置得當的乾鮑內部呈現溏心，但外層依舊是比較有嚼頭的狀態，很難想像其釀入皮蒂維耶派中的效果。為了讓鮑魚變得更為柔軟，VEA 團隊在酥皮麵糰、鮑魚種類、發製方法及燜煮手法上均作了大量探索，諮詢了許多粵菜名廚和海味專家，做試驗用的鮑魚難計其數。當天晚上使用的是窩麻鮑，有時候則會使用吉品鮑，一切都要根據鮑魚的狀態來決定。

上桌時，一人半個皮蒂維耶派配以濃郁的鮑汁，嗅覺上鮑汁香氣與酥皮黃油香混在一起，已是中法難分。第一口，感覺

上｜二十九頭乾鮑皮蒂維耶派

下｜脆皮海參釀帝王蟹

酥皮、羊肚菌、鵝肝和鮑魚層層遞進，在口感上層次分明。再者鮑魚燜得極軟糯，溏心效果很好，本擔心乾鮑與軟嫩的鵝肝形成鮮明對比，使得口感突兀，實際效果來看根本杞人憂天。

除了新招牌菜，自然還品嚐了招牌的脆皮海參，這是第一次去 VEA 就遇到的菜式。與許多其他菜式一樣，這道招牌菜亦一直在進化。菜的外觀基本維持一致，但無論是海參內部餡料、配菜，還是醬汁都隨著季節轉變。第一次去時，海參裡面釀的是挪威海螯蝦（Langoustine）；後來還品嚐過花蟹、長肢擬須蝦（Carabinero, Red Prawn，俗稱「西班牙紅蝦」）的版本；據說還有過帶子的版本。

當季的版本則是以關東遼參，釀入雌性青蟹（Mud Crab）肉、蟹膏、蟹殼汁及黃油製成的慕斯。焗釀之後，以廣式淋油法令海參外皮酥脆；上桌前配以薑蔥味的蟹膏醬汁，再噴以二十二年陳釀花雕。對於我這個浙江人而言，這道菜的體驗恍如小時放學回家吃母親做的薑蔥炒梭子蟹，親切感迎面而來。主廚的外婆是紹興人，因此蘇浙味覺是深藏在他心底的。

海參菜的原型據說是釀肉卷（Ballotine），而我卻想到了一道市面上已不復見的老菜——烏龍吐珠。特級校對陳夢因先生在《食經》裡記述了這道菜，據說是上世紀初廣州富貴人家喜愛的菜式。海參脹發後以薑汁黃酒爆之，再用上湯火腿蒸製，最後釀入蝦膠，蒸熟，上桌前蓋茨汁即成。因為海參色黑而蝦膠色白，故名「烏龍吐珠」。而川菜中則有釀入雞茸的一品海參。VEA 的脆皮海參與此可謂有異曲同工之妙。

快吃到主食時，主廚問我還吃得下嗎？想讓我品嚐一下新

版本的炆花膠，我欣然同意。VEA 的炆花膠是較新的一道招牌菜，剛推出時我就品嚐過，十分喜歡，給人一種全新的體驗。花膠用鷹鯧魚肉熬煮出的汁進行炆煮，成品配上藜麥、千島湖魚子醬，點綴以細蔥碎，簡潔美觀。一入口花膠的膠原蛋白已令人感到黏口，魚肉為底的醬汁中透著淡淡的牛油香氣，細蔥釋放出若有若無的氣息，與魚子醬配合著花膠在口中融為一體。這是一種與中式花膠菜完全不同的味覺體驗。

主廚自十四歲入行以來一直學習製作法餐，關於中餐的烹飪知識完全來自家庭和自學，因此花膠、海參和鮑魚這些海味課題對他和西餐背景的團隊而言是充滿挑戰的。花膠這一食材，他也是從零開始，努力學習和試驗。經過長時間對比後，他決定使用儲藏了八至十年的非洲花膠公。當晚的新版本配以少許切得極細的檸檬葉，令原本比較豐潤的花膠有了一記清新尾韻，是迎接夏天的手勢。

VEA 餐廳的名字來源於兩位創始人——主廚 Vicky Cheng 和調酒師 Antonio Lai——的英文名首字母縮寫，E 則代表法語「et」，直譯就是「V 與 A」。兩位主理人都十分年輕，是香港餐飲界的一股新勢力。

主廚 Vicky 出生於香港，十二歲全家移民北美，最後定居在多倫多。香港的飲食及本土文化在他幼小的心靈上留下了不可磨滅的印象，加拿大的生活又給了他一層異域他鄉的經驗。他從小就對烹飪有濃厚的興趣，這也許得益於家學。之前一起吃飯時聽他多次提及自己的外婆，他的外婆是紹興人，有四個子女，一大家子的飲食皆由其負責。小時候 Vicky 常去外婆家

上｜花椒魚子醬檸檬葉

下｜酸菜鷹鯧魚配四川辣油

吃飯，她善於烹飪蘇浙菜式，因此 Vicky 童年的味覺記憶不但有粵菜，更有清鮮雋永的蘇浙菜。從他後來在 VEA 創製的菜式可以看出，外婆做的菜對他的影響十分深遠。

Vicky 自十四歲開始去餐廳兼職打工，後來就讀於廚藝學校，畢業後開始在各家高級法餐廳工作，從多倫多的 Auberge du Pommier 到 Canoe，再到紐約，於當時仍是米其林三星的 Restaurant Daniel 修業。他在這三家餐廳一共學習了十三年之久，與如今洗澡蟹一般的急躁後生廚師相比，Vicky 是極有定力的。他抱著一定要學到真本事才走的心態一步一腳印，走到了今天。

二〇一一年 Vicky 決定回流香港，開創一番自己的事業。我最初聽說他的名字時，他還在 Liberty Private Works（已結業）工作。我未曾拜訪，回看當時的一些菜品照片，發現已有了些 VEA 的影子。比如 VEA 開業之初有一道菜和海參一樣雷打不動，即太陽蛋意大利餃子（Ravioli），此菜在 Liberty Private Works 已有了雛形。到了 VEA 後，這道菜基本保持了原有形態，不過一旁搭配了小份油條，用來蘸蛋黃吃。據說 Vicky 還跑去早餐店學習油條的炸製方法[4]。至於用餐結尾將棉花糖和烏龍茶偽裝成壓縮紙巾和水的戲碼也已經用過了。

VEA 開業於二〇一五年底，第二年底便獲得了二〇一七年米其林一星，一直保持至今；今年（編按：即二〇一九年）還入圍了「亞洲 50 最佳餐廳」榜單，可謂風頭正勁。二〇一八年底 VEA 慶祝三週年時，整個餐廳變換為香港街頭小吃舖，一眾客人和朋友們歡聚在此，品嚐各式 VEA 風格的港式

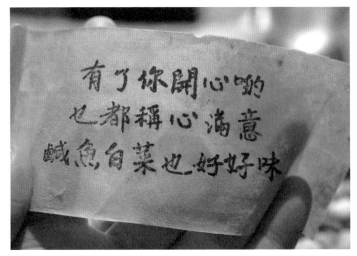

《分分鐘需要你》歌詞

小吃，熱鬧非凡。

Vicky 在開設這家餐廳前已經把自己的理念想得非常清楚，那便是中法融合菜，三年多的發展是在這個理念下的一步步細化和提升。如何更自然地將本土特色融入法式烹飪中，而不是流於表面，這是 VEA 需要一直去攻克的難題。一個好的本土素材未必可以和諧地融入法餐框架中，而如果捨棄法式烹飪，便會成為完全的中餐，這又本末倒置了。

從目前的結果看，呈現的效果是非常令人滿意的。比如有一道魚肉菜式，靈感源於主廚有次去北京到燴期間品嚐到的酸菜魚。我吃過兩個版本，一個是用海鱸魚，另一個則是銀鱈魚，配以四川紅油和酸菜，底子則仍是法式煎魚。出來的效果

皮酥肉嫩，法式醬汁濃郁的底味配以靈動的紅油辣味和酸菜的天然酸爽，讓人食慾大開。最近的版本還添加了少許日本山椒葉（木の芽），更添一絲清新。

餐前小吃裡的本土元素其實更為豐富。比如主廚頗愛林子祥的《分分鐘需要你》，這首歌是當年他向太太求婚時所唱的歌曲，裡面有句歌詞說：「有了你開心啲，乜都稱心滿意，鹹魚白菜也好好味[5]。」作為他們愛情的見證，主廚將這首歌幻化成了一道道鹹魚白菜元素的小菜。我吃過有鹹魚白菜麻球、鹹魚白菜撻、鹹魚白菜配小飯糰、鹹魚白菜蝴蝶酥、鹹魚白菜泡芙等等，每一種變奏都十分有趣，萬變不離其宗的是鹹魚和白菜兩樣主食材。

另一保留項目煙熏鵪鶉蛋[6]，靈感大約來自於上海熏蛋，用蘋果醋入味再用蘋果木熏至清香，裡面是柔軟的溏心，是每次都讓人心頭一亮的一小口。而有一些更為大膽的前菜如椒鹽九肚魚和本地魷魚，給人一種濃郁的香港風情。

最近去 VEA，發現餐後小點心也進行了改革，變得更有港式特色，而且上菜形式改為由客人自行挑選。當晚的小點心有紫蘇葉包西瓜，是中餐飯後上水果的哏；芒果黑米脆片，一絲東南亞風情；豆腐花撻，一聽豆腐花三字我就選了這一款；還有經典的糯米糍，讓人想起長洲特產。經過三年的發展，VEA 的菜式和菜單都變得更為流暢成熟，後續的發展令人期待。

來此處吃飯，不點雞尾酒配套是頗為可惜的。這裡的雞尾酒頗有趣，都是本港頂級調酒師 Antonio Lai 親自設計的。Antonio 是土生土長的香港人，他曾在世界多地工作學習，

煙熏鵪鶉蛋

足跡遍佈新加坡、馬來西亞、巴黎、東京、北京……他被人稱為分子調酒大師，善於運用現代元素及跨界素材進行雞尾酒調配，他稱自己的風格為「多感官調酒」（Multisensory Mixology）。

他為 VEA 設計的雞尾酒隨著菜單轉換而改變，每一款雞尾酒都與相應的菜式產生互動，番茄的菜式搭配羅勒主題或黃瓜主題的調酒，令兩種味道在口中互動；酸菜魚搭配清新的紫蘇、檸檬、蘋果和琴酒調成的雞尾酒，令味蕾得到休息。

即便不來 VEA 吃正餐，也可去二十九樓[7]的酒吧喝上一杯雞尾酒，點些輕鬆小吃。這裡的小吃做得也頗有水準，我十分喜歡他們的香辣雞翅，雞翅外皮上了糖色，比較酥脆，肉質

Antonio 調製的配菜雞尾酒

入味，辣味適中。

　　當然最佳時機是等一天的服務結束，主廚為朋友們開小灶做夜宵的時候。這時候 Vicky 就轉身成為純粹的中餐廚師，一道道時令菜式吃得我目瞪口呆。本灣小魷魚連內臟同煮，配以少許紅椒和大量蔥絲，滿嘴的鮮味；豆豉蒸馬友魚腩，肥美軟糯；麻婆鱈魚白子，濃郁開胃；臘味煲仔飯香味撲鼻，飯焦恰到好處，十分美味……

　　當然 VEA 只有三歲多，作為一個餐廳它並非完美。一些食客不願接受中法融合菜這一理念，實際上法餐的本土化是一個發展了很多年的趨勢，日系法餐即是一個力證。如今一些日籍法餐主廚還在巴黎掀起一股新風潮，為何中系法餐便不可能

呢？相比某些老牌融合餐廳將流於表面的中國符號加入不相關的料理中，VEA 走的是完全不同的一條道路，它的融合是有機而平衡的。

　　與其坐而論道，不如起而行之，VEA 選擇了這條道路，並堅定地走了下去，這是我十分欣賞的。主廚坦言，他們所做的好比搭建一座貫通中西的橋樑，它或許並不華美，卻起到了溝通交流的作用，令更多人感受到中餐的博大精深、中餐元素的魅力所在。

　　筷子與刀叉是截然不同的兩套用餐工具，但在全球化的當下，它們往往同時出現在一張餐桌上。我不是一個融合主義者，但中國餐飲人在梳理和維護傳統中餐烹飪體系的同時，擁有開闊的眼界和開放的心態亦十分重要。盲目融合不可取，故步自封亦不會有進步，筷子刀叉靈活運用，也許能闖出一片新天地。

註

1. 寫於二〇一九年六月初；基於多次拜訪；寫作前一次拜訪於二〇一九年五月末。
2. 皮蒂維耶乃法國盧瓦雷省的一個市鎮，據說皮蒂維耶派起源於此。但中文世界亦有將其翻譯為「皇冠派」的。傳統上皮蒂維耶派是甜品，但後來發展出以肉類為餡的鹹味派。
3. 已離職。
4. 這道菜一度是 VEA 的招牌菜之一，二〇一八年開始從菜單上拿走了，後以脆蘿蔔／冬瓜、太陽蛋及一年以上滷汁調味的新菜式替代。
5. 粵語口語，轉寫為標準漢語：有了你開心點，什麼都稱心滿意，鹹魚白菜也好味道。
6. 此前菜近來已不再提供。
7. 現已成為 Vicky 主理的中餐廳永，參見《香港談食錄——中餐百味》中的〈不拘一格談中餐〉。

在文華酒店廚房中進餐[1]

Krug Room

深入到美食製造地的核心地帶，與食物的製作產生私密的聯繫。這是整晚最吸引的地方。

　　如今的中環高樓林立，即使是地標式的中銀大廈，也早已被 IFC 二期給比了下去，更別說幾十年前建的那些大樓。然而這些新生代的建築雖然生氣勃勃、氣勢洶洶，但說起中環地標性建築群，人們想到的往往還是那些屹立了幾十年的老樓們。

　　文華東方酒店的老樓便屬於這一地標群中的一員。一九六三年開張的文華東方酒店，幾十年來已成為酒店界的標杆。每日上下班出入中環地鐵站，總會瞥上幾眼這規規矩矩的長方體建築。這裡曾有眾多名流入住，亦見證了香港幾十年的滄桑變化。二〇〇三年的愚人節，「哥哥」張國榮在此殞落，這裡成了無數粉絲的傷心地。時光會沖淡很多痕跡，但每年的某些時候，我們總會再次想起那些曾經的悲喜。

我雖然未曾在香港文華酒店裡住過，但當中的食肆都去過。香港著名的酒店中，常常藏有值得一訪的食府。文華酒店中亦有好幾家著名餐廳，但最為神秘的要屬其中的庫克廳（Krug Room）了。熟悉酒的人，一聽到「庫克」二字便知這餐廳一定與法國香檳品牌「庫克」有關。誠然，這家餐廳是文華酒店與庫克香檳合作的產物，據說這是法國以外藏有最多庫克香檳的地方。然而，庫克廳的特別之處不僅在此，更在於它獨特的位置和菜品設計。

一間大酒店的後廚從來都是神秘之處，一般食客難以自由進出其中。而庫克廳恰恰位於文華酒店大廚房中間，其好似一節火車車廂，僅設有一張長桌，最多可容納十二位食客。房間一側設有玻璃窗，外面便是忙碌的文華大廚房；另一側則是與玻璃窗大小相近的鏡面，可讓兩側食客都看到廚房的景象。如此的地理位置，便足以引起食客的好奇心，更別說所有菜品從菜單設計到選材、烹調及上菜，都由酒店行政主廚 Uwe Opocensky[2] 親自操刀。

由於庫克廳僅設十二個座位，因此需要提前一個月以上才能訂到位置。訂位後酒店工作人員會發郵件確認食客的忌口及偏好，並將粗擬的菜單、二度擬定的菜單，以至最終的菜單發送給你。如果期間有任何要求都可以提出，酒店會盡量考慮。當然若要取消預訂，則需提前三個工作日進行，否則無論食客是否就餐，餐費照扣（訂位需要提供信用卡資訊）。

庫克廳只提供晚餐，大約在八點左右開始，由於菜單是主廚決定的，因此所有食客的菜品如無特殊要求和忌口，都是一

樣的。我們一行四人七點半左右到達文華扒房後，便有專人來引領我們前往。穿過千日里酒吧（The Chinnery）後，入得一道安全門，再一拐彎進入一扇大黑門，裡面便是隱秘的庫克廳了。門邊的黑牆上用粉筆寫著當晚的食材，黑牆邊全是密密麻麻的藏酒。

這裡的菜單通常一個季節更換一次，我們當晚菜單的主題是「春天」，因此其中的食材均充滿春意，比如櫻花、蘆筍、昆布、鯛魚等等。雖然菜單是統一的，但是配酒則有四檔可選，根據配酒的種類、數量的變化，消費分為四檔。我們選擇的是第三檔，一共配了三種酒，餐前酒為 Krug Grande Cuvée，餐中為 Krug Vintage 2003，餐末為 Krug Rosé。

美酒配美食，並且由名廚親自料理，真是人生一大樂事。八點左右，食客到齊，庫克廳晚餐之旅正式開始。

首先是一點餐前酒，配上兩道開胃小點。脆脆的小餅乾和一顆有趣的橄欖。從這顆反向球化技術的經典範例開始，我便明白庫克廳整體上是分子料理風格，主廚用各種方法，拆解食材，再巧妙地將它們重新組合，在不失原味的基礎上帶給食客驚喜。這顆橄欖一口咬下，滿滿的橄欖汁水爆漿而出，橄欖的表皮是海藻膠所製。製作這道小點，首先需要提取新鮮橄欖油，加入含有鈣質的溶液製成原汁，將原汁滴入海藻酸鈉溶液中，利用海藻酸鈉與鈣溶液的凝結反應凝固成橄欖形狀。這是當年鬥牛犬餐廳（El Bulli）的發明之一。

開場之後便是正餐，庫克廳的晚餐前前後後有十數道菜品之多，雖然每道菜分量極小，但一整套下來，也讓人頗為飽足。

第一道菜是生蠔。服務員擺定冰盤時，我以為這只是一個簡單的生蠔。但廚師親自撬開蠔後，才發現，原來這生蠔早已被「動了手腳」。新鮮蠔肉配合魚子醬和檸檬雪葩，三種食材相輔相成，再蓋上殼稍事冷凍。重新打開後，冰鎮可口，既保留了蠔肉的鮮嫩，又除去了生蠔的腥味。然而最令我驚訝的卻不是這生蠔本身，而是生蠔旁邊的那一小片葉子。這種生於海邊的小葉子叫做「生蠔葉」，莫小看它，一口下去，竟然滿口蠔味，比生蠔本身還要蠔味濃重。

　　第二道菜的主料是帝王蟹，雖然不是很驚人的分子作品。但廚師用帝王蟹配醋啫喱，將少少幾口的蟹肉做出了豐富的層次感。勺子一舀到底，蟹肉、啫喱及其他配料在口中混合，滿口的鮮美清香，讓人食慾大開。

　　第三道菜的製作基本完全呈現在食客面前。上生蠔之前，廚師便拿來一個裝著海螯蝦肉的蜂巢紋盒子。接著他將六十五度的蜂蠟澆在海螯蝦之上，任其慢慢冷卻。六十五度是一個反覆試驗得出的溫度，在此溫度下，蜂蠟可以讓蝦肉表面熟透，但不至於讓蝦肉過老，是為時髦的低溫料理也。

　　十多分鐘過去，蜂蠟從啤酒色膠質凝固為白色固體後，廚師便取走了盒子。他再次回來時，海螯蝦已變成了一道美味菜品：海螯蝦肉配魚子醬，加上液氮處理過的柚子肉。清淡的海螯蝦肉，配以味道濃郁的魚子，一輕一重，既有對比又相互配合。如此烹飪出來的海螯蝦，表面已熟，有嚼頭；內裡卻生嫩可口。柚子肉在液氮作用下，粒粒分明，剛好起到了去腥增香的作用。每一種食材的目的都十分明確，沒有多餘的擺設，卻

又兼顧到優美的擺盤。這才是色香味最好的結合。

　　法式燉蛋（Crème Brûlée）是一道名氣很大，我卻不太喜歡的甜品，因其甜膩難忍，吃了幾口便再難以下嚥。好之者當然有，每個人口味之不同可見一斑。這第四道菜卻在燉蛋的基礎上做出了新意，將甜品的做法用了在前菜上。廚師將雞蛋與鵝肝混合，再按照燉蛋的製作程式製作。不過原先甜膩的焦糖層上放置了一塊青蘋果雪葩，既清口解膩，又抵消了鵝肝的淡淡腥味，實在巧妙。口中迴蕩的只有雪葩的清爽和鵝肝的鮮香，這種食材間碰撞後產生的奇妙結果便是烹飪最吸引人的地方之一。

　　庫克廳提前發我的菜單中有一道菜僅僅寫有 Cherry Blossom 二字，我不禁想，櫻花可賞玩，但除卻醃漬，要如何入口呢？鵝肝之後所上的這道菜正解決了我的疑惑。畫框狀的盤子裡，如夢般繪著一株櫻花樹。樹梢佈滿粉色櫻花，地上青草蔥翠，一幅春日圖景就這樣出現在食客眼前。這下子可讓我們犯了愁，如此美的擺盤，讓人不忍心弄亂，而大廚建議我們一勺從上至下劃落，將每一部分都囊括在這一口之中。樹幹看似巧克力，薄薄一層，吃上去原來是帕爾瑪芝士與一種蘑菇粉末的混合物。底下的芝士碎、甜豆和菜葉鋪出了厚厚的植被感。口感上而言，櫻花的清淡，混了帕爾瑪芝士的鹹味，加上甜豆的甘甜及菜葉的清新，在口中形成了一種奇特的味覺體驗。究竟春天的味道該如何在口腔中體驗？這是一個極難的問題，然而這道菜至少在某種程度上解決了這個問題。

　　食用過花草之後，便是白蘆筍了，這也是向主菜過渡的幾

櫻花樹

道菜蔬之一。雖只是一根白蘆筍，但卻配了五種醬汁，分別為榛果醬、黑松露醬、酸奶油、胡桃醬及蛋黃醬。白蘆筍和五種醬汁分列在玻璃板上，下方則是一個空匣，裡面裝滿了各種堅果。除卻醬汁外，蘆筍上亦有一些香料，如迷迭香和小香蔥等。雖則理想的吃法是將白蘆筍分別與每種醬汁配合，品嚐其不同的味道，然而由於玻璃板實在有些滑，而蘆筍已糯軟，一切便癱了，卻又連著一些纖維，最終只能用叉子戳著直接吃，竟沒來得及每種醬汁都細細品味。

主菜前最後一道素菜便是羊肚菌。所謂春耕秋收，這盤羊肚菌竟是裝在一個方形花盆裡，內有用麵包碎屑及堅果碎做成的泥土，一把鏟子直插其中，上面貌似隨意鏟了一堆泥土，細細看來卻是美味的羊肚菌。為了營造出青苔的效果，廚師用綠茶末做成海綿狀，中和了羊肚菌濃郁的味道。整道菜羊肚菌鮮美可口，綠茶泡沫清口，「泥土」甜美濕潤，三者組合，結束了主菜前的菜蔬之旅。

第一道主菜是甘鯛魚，也就是中文俗稱的「方頭魚」，又稱「日本馬頭魚」。主要分佈在日本南部、韓國、中國臺灣，以及大陸東海等海域。作為肉食性魚類，甘鯛魚肉質勁道，紋理清晰，十分鮮美。而海魚少刺、耐烹調的特點更是西人愛吃海魚的重要原因之一。大廚烏維處理甘鯛魚的方法尊重食材本身的鮮美、簡單，只是將魚鱗炸酥，然後低溫烹製魚肉，保持其鮮嫩，底下則鋪鮮昆布及海草醬汁，魚肉加海草，滿口海洋的氣息。吃西餐時，我比較少點魚，因為海魚時常原味最佳，過度處理反而容易導致魚肉變老，口感變差；加過度的醬汁，

宮崎和牛肉

更是吃醬味而非魚味。

　　若說前面一些菜擺盤處處彰顯春意，而時有浮誇之處，但從製作上而言則都是從食材特點出發。那第二道主菜可謂是在烹調上，整晚最浮誇的一道了。上菜時，大廚和服務員拿著煙霧瀰漫的玻璃罩過來，戲問我們說如果牛肉被燒焦了怎麼辦？我們知道這是笑話，但盤子放好後，玻璃罩一開，那煙霧雖即刻散去，但確有一股松葉陰燃的味道彌留。定睛一看，裡面卻是幾塊如黑炭一般的東西，旁邊還佐以碎木頭及松針。大廚看食客疑惑便笑著點撥說，切開黑炭試試。一刀下去才發現黑炭裡面是完美的三分熟（Medium Rare）宮崎和牛肉，大廚對食客說，除了松針，盤中一切皆可食用，輔盤裡的野菜是佐味清

口所用。而那一段紋理如松樹的木頭實際上是可食用的竹炭，外層的黑炭則是洋蔥與黑麵包粉做成的。自然上菜時那一道輕煙並不是乾冰所為，而是松針陰燃而得。不似內地很多餐廳將乾冰視為法寶，似乎放些乾冰，營造些煙霧彌漫的效果便是高端料理了。其實不然，無論是庫克廳還是其他我去過的出色的餐廳都極少利用乾冰。因菜品中所用物件皆應為食物本身服務，而不應一味追求浮誇的效果。比如庫克廳所有菜式擺盤雖博人眼球，但仔細一想裡面沒有一樣東西是不能吃、單純為擺盤而設置的，這才是妙法。

主菜結束後便是甜點時間了，首先是餐後清口的芒果雪葩。待我們吃完後，服務員撤走了所有餐具，在桌子上鋪了一層假草，恍如戲劇換景一般，因甜品的名字便為「春天」（Spring）。在細軟的塑膠假草上，首先上來的是一道做成甜菜形狀的甜品，其放置於一把花園鏟之上，鏟上泥土遍佈，斗膽一嚐發現是麵包屑所為，都可食用（與羊肚菌中的泥土構成並不相同）；而甜菜的形狀自然是吹糖而成，裡面是酸甜可口的混合水果雪葩。最後一道甜點是長條形的小甜點組合，乍看簡直就是一條花圃，讓人無從下口。大廚說裡面所有的東西，都能吃的，包括泥土、柵欄、蔬果等等，甚至連鏟子都是巧克力做的。小蘑菇實際上是提拉米蘇，但我隨口吃了一根小胡蘿蔔，發現真的就是胡蘿蔔……

所有的菜品在近三小時之後品嚐之旅終於結束，因為第二天還要上班，此時已晚上十點多，於是我們便在謝過主廚後回家了。服務員為我們奉上當日菜單，留作紀念。

走出庫克廳後，感覺似乎經歷了一場食物的驚豔現場秀，大廚不再只在後廚中埋頭烹飪，而是如魔術師一般，在消失與出現之間帶給食客一道道獨特而充滿創意的美食。十數道菜品從海陸、葷素各方面攫取春日最佳食材，用視覺、嗅覺、味覺來營造一場春日盛宴。所有的菜式無論選材、烹飪亦或擺盤都遵循一個「春」字。雖則四月的香港已漸漸熱了起來，但趕在春末夏初來細味一絲春意也是難得的經歷。

更何況，我們還可以藏在文華酒店廚房之中，深入到美食製造地的核心地帶，與食物的製作產生私密的聯繫。這是整晚最吸引我的地方。

P.S. 在寫這隨筆時，我還發郵件詢問了一些菜品製作上的疑問，庫克廳都十分細緻地回答，服務的完整性也是考驗一家高級餐廳的重要標準。

註

1. 寫於二〇一四年四至十月。本篇寫作時，我只去過一次庫克廳，所有結論以該次拜訪為準；後來又去了好幾次，亦去過庫克廳的客座主廚活動；主廚烏維離職後，我亦去過新主廚 Robin Zavou 負責的庫克廳，整體感受依舊不錯，但風格上有所不同。

2. 已自立門戶，早前於西營盤開設 Uwe 餐廳；現為港島香格里拉行政主廚，主理 Petrus 餐廳。

風物長宜放眼量

在海膽離開前聊聊

旅程一頁，人生一刻

法

FRENCH

生

風物長宜放眼量 [1]

Le Jardin / L'Atelier de Joël Robuchon

人的想法會隨著時間的推移而發生改變，而回顧自己對同一家餐廳的觀點變化，亦是非常有趣的體驗。

對很多人而言，侯布雄（Robuchon）老爺子（1945-2018）[2] 旗下的餐廳是高級餐廳或所謂米其林餐廳的啟蒙。對於我而言亦是如此，多年前第一次去香港的 L'Atelier de Joël Robuchon [3]（下稱「美食坊」），那時候它升三星沒多久，主廚還是 Olivier Elzer，而我還未像如今這般專注於吃。

隨著時間的推移和閱歷的增加，人在很多方面都會改變。比如當時瘦弱的青年現在操心起減脂與美食之間的平衡關係，而品味和偏好雖然有些天生，有些受成長環境影響，但還有很大一部分是靠後天經驗獲得的。

懵懂時覺得驚豔的餐廳，過一段時間再回訪，便會有新的

體會，有些依然覺得很好，但對於這所謂的好，也會有更深的理解；有些便覺得其實不好。所謂「風物長宜放眼量」便是這個道理。人的眼界受限於自己的閱歷和生活空間，對美食的認知水平亦是如此。

我對於 L'Atelier de Joël Robuchon 香港店，在回訪了幾次後漸漸不再喜歡，尤其主廚從 Olivier 變成 David Alves 後 [4]，甚至有些抗拒再去。無論客觀比較，還是主觀評價，美食坊的整個烹飪理念都有些固化而與時代脫節了。

有朋友覺得澳門的天巢法國餐廳（Robuchon à Galera，取名大約因為其位於新葡京四十三樓）好過香港的美食坊，兩者雖同為米其林三星，但在品牌定位上稍有不同，前者更顯正統嚴肅，後者偏時尚輕鬆。

去年（編按：即二〇一六年）參加了一次在澳門侯布雄的餐會，主題是黑松露，喬艾爾・侯布雄（Joël Robuchon）老爺子親自設計菜單並到場坐鎮，然而結果卻令人失望。於是連澳門的侯布雄亦讓人懶得再提起。更何況當年坐鎮澳門的 Francky Semblat [5] 已被派往上海的美食坊新店負責內地業務。因此很久沒有再去。

澳門是侯布雄進入大中華區的起點，二〇〇一年新葡京力邀侯布雄入駐他們的酒店，天巢法國餐廳開業。二〇〇六年，美食坊香港店開業，是這一品牌二〇〇三年於東京和巴黎設立後（東京四月，巴黎五月），首次進入大中華區。港澳的成功試水為他提供了信心，侯布雄在接下去的十五年裡將業務推遍了大中華區。如今海峽兩岸暨香港、澳門都可「天涯共此時」

地品嚐到他的菜品了。

作為「後新法餐」（Post Nouvelle Cuisine）時期的領軍人物，侯布雄的履歷異常風光，無論是他於一九八一年在巴黎開設的 Jamin 餐廳（一九八四年被評為米其林三星；一九九四年搬遷至新地址，改名為「Joël Robuchon」），還是二十一世紀開遍全球的 L'Atelier de Joël Robuchon 品牌，都為他贏得了無數聲譽。

一九八九年，推廣「新法餐」[6] 理念的食評家亨利・高爾特 (Henri Gault，1929-2000) 和克利斯蒂安・米洛（Christian Millau，1928-2017）共同創辦的高爾特與米洛（Gault et Millau）指南將其評為「世紀主廚」，可謂風光無限。

他的諸多烹飪理念，尤其對於亞洲元素的運用和重視，可謂頗有先見之明。在如今日系法餐風靡的時代，侯布雄引領了風氣之先。美食坊的吧檯式開放廚房設計在當時非常前衛，融合了日本板前割烹和西班牙小份菜吧（Tapas Bar）的特點，紅黑色的組合給人一種熱情似火又大氣優雅的獨特觀感。而侯布雄旗下的幾個品牌餐廳，基本功底扎實，菜單合理，酒單豐富，服務到位，符合人們對於所謂高級法餐廳的一般理解。

一九九六年七月，五十一歲的侯布雄關閉了自己在巴黎的 Joël Robuchon 餐廳，引起了世界餐飲界的震動。他決定在鼎盛時期離開廚房，專心研究菜譜和培養新人，隨後的故事證明侯布雄是一個成功的老師，也是一名成功的商人。

從他的廚房裡走出了許多名廚，舉幾個我品嚐過其菜品和餐廳的：Eric Ripert（Le Bernardin 主廚兼店東，紐約）、

Gordon Ramsay（Restaurant Gordon Ramsay，倫敦）、須賀洋介（Sugalabo，東京）、小西充（Wagyu Takumi 前主廚；Zest 主廚，香港）、成田一世（ESqUISSE CINq，東京）、Olivier Elzer（Seasons，香港）[7] 等等，他們活躍於世界各地，由侯布雄出發，到各自獨當一面。雖然每一位名廚都形成了自己的風格，讓食客很難察覺到侯布雄的影子，但系統性的廚房訓練對於奠定扎實的基礎非常關鍵，這一功勞還是要歸老爺子的。

瞭解一個廚師和一家餐廳的前世今生對於食客是有意義的，這無疑會加深品嚐菜肴時的感受和理解，但卻不會改變一家餐廳此時此刻的味道。從 L'Atelier de Joël Robuchon 香港店來說，除了幾個經典菜外，菜單隨著時令都有變化，但總顯得沉悶老舊，缺乏新意。

美食坊這個品牌現在頗有些中央廚房的意味，菜單設置每個城市皆有特點，但大框架一致，菜品研發權並不全在餐廳主廚手上。侯布雄本人好像這個龐大餐飲帝國的國王，密切監督著每一個環節，以確保自己的餐廳品牌體現出自己的烹飪理念。

然而廉頗老矣，尚能飯否，任何廚師都有最黃金的時期，L'Atelier de Joël Robuchon 品牌外觀雖是年輕時尚，但骨子裡卻依舊是八九十年代的侯布雄特色。招牌的土豆泥必不可少，鴨肝鵝肝頻繁出現在菜品配料中，乳製品的用量雖較更古早的法國菜要少，但相比如今的新派餐廳依舊顯得沉重肥膩。

新舊兩字都是相對，保羅・博古斯（Paul Bocuse，1926-2018）[8] 相對費爾南・濮溫特（Fernand Point，1897-1955）[9] 而言是新法餐，侯布雄又比博古斯新，但在法餐現代化和世界化的

道路上，侯布雄顯然已經落後於年輕廚師，而法餐在近二十年的變化可謂巨大，新舊理念相互碰撞，法餐的世界性得到極好地發展。

前文提到的菜品中的所謂亞洲元素更是點到即止，如同歐洲古堡中的中國花瓶，尷尬而游離。比融合，又如何比得過裡子面子和諧共生的日系法餐？

去年（編按：即二〇一六年）吃完老爺子親自坐鎮的黑松露餐會後，便好久沒去他的任何餐廳。恰好有朋友約午餐，心想再去一下 L'Atelier de Joël Robuchon 吧，就當本年度打卡。可惜體驗依舊如此，感覺暮氣沉沉，沒有驚喜不說，還有諸多不如意的地方。

比如雞湯中，竟然有幾大塊煎過的鵝肝，令人措手不及。而前一道菜又是鴨肝燉蛋，本身比較綿密膩口，兩個菜放在一起，而且是頭道菜式，更讓人覺得負擔沉重。

主菜我選了慢煮後煎的鴨胸肉，發現溫度極低，雖然本身是做中等熟度，但中心地帶毫無熱感，甚至有些冷便不正常。外皮的溫熱與內部的冰冷形成強烈對比，讓人十分不適。推測應該是操作流程的問題，部分鴨胸預先慢煮，等食客點單後再進行微煎，這樣的處理很難讓中心溫度回暖，不然熟度就不對了。

與此相比，之前吃的烤鵪鶉要高明許多，鵪鶉多汁軟嫩，調味適中，不過鵪鶉中夾塞鵝肝的傳統思維自然不變，還要配上一坨土豆泥和兩片尷尬的松露。

而緬因龍蝦意麵則油浪滔天，一口吃進去滿滿的油，還有異常濃烈的酒味，不知是故意讓酒香主導菜式，還是烹飪時酒

精沒有散盡。

　　油膩的問題不是一個菜所有，其他菜式也有類似的問題，比如有一款本應清口的豌豆湯，底部踏踏實實一層橄欖油包裹著豌豆，湯倒入後，油便充盈著湯體，一勺子下去半油半湯，喝進去嗓子像被糊了一層似的。

　　如果說傳統法餐是重油重醬，工序複雜，幾乎掩蓋了食材的原味，那麼上世紀的新法餐運動已經革掉了很大一部分重口味基因，後新法餐時期東西方餐飲交流漸次頻繁，現代人追求健康清爽飲食的訴求增加，烹飪在很大程度上從過分調味轉為輔助食材發揮自身特點。早期的侯布雄也屬於這一革新的領軍

人物，但幾十年過去了，他的菜式反倒逐漸變成人們心中傳統高級法餐的代表之一，實在是非常諷刺的。

烹飪的革新涉及到理念的衝突，老爺子有自己的堅持自然可以理解，畢竟沒有哪種烹飪理念是絕對正確的 [10]。過分執著於自己的獨特擺盤理念似乎沒什麼必要。花花草草且算了，為何一定要在各個地方體現出本尊的名字？黃油上有、咖啡上有，恨不得時刻提醒食客是在他的餐廳吃飯。

在盤子邊上作畫寫字也是 L'Atelier de Joël Robuchon 的一個迷思，龍蝦意麵的盤子上畫了隻小小的龍蝦，我還見過畫水果、畫單詞、畫花草的。不知道為何廚師團隊覺得這樣的設計很有美感。

當然密集的點狀擺盤也是不逼死密集恐懼症不甘休，比如著名的帝國魚子醬（Le Caviar Imperial）這道菜，想必讓不少人抓狂。不過玩點狀擺盤還是巴黎的 Le Pré Catelan [11] 玩得溜，體系一致，內部邏輯連貫，反而產生了獨特的美感。

話說回來，帝國魚子醬還挺好吃的，龍蝦凍與花椰菜慕斯，綿密鮮甜，配上個性突出帝國魚子醬，是我目前在美食坊香港店印象最好的一道菜。而且這道菜還有變體，比如最近變成了帝王蟹配牛油果泥。

開放廚房的玻璃櫃內還有用彩砂貝殼組成的海灘裝飾，再配上五顏六色的模型蔬菜，其中的奧妙我體會不出來。一切不必要的裝飾都顯出十足的尷尬感，與本應塑造的高雅並不相配……

正如我開頭所說的，人的想法會隨著時間的推移而發生改

上｜緬因龍蝦意麵

下｜帝國魚子醬

變，而回顧自己對同一家餐廳的觀點變化，亦是非常有趣的體驗。腳踏實地去學習和思考是任何學問的不二法門，對於美食也是這樣。

不過即便我對美食坊香港店不甚熱愛了，但對侯布雄老爺子的貢獻依舊敬佩，正是他的商業精神，令世界各地的人可以有機會接觸到標準而不失水準的高級法餐，從而獲得啟蒙，去探索更廣闊的美食天地。

註

1. 於二〇一七年七月二十四至二十五日；基於多次拜訪；寫作前一次拜訪於二〇一七年三月。
2. 此篇寫作時，Robuchon 先生尚在世。
3. 內地官方譯為「喬爾・盧布松美食坊」，此音譯與法語發音差距較大。
4. 目前香港店的主廚為 Adriano Cattaneo。
5. 其於二〇一九年五月跳槽至迪拜的帆船酒店（Burj Al Arab Jumeirah）。
6. Nouvelle Cuisine，流行於六七十年代，以簡化的步驟替代繁雜的傳統做法，以清淡的調味替代濃郁的醬汁，追求健康原味及平衡。
7. 本文寫作完成數月後，Olivier 離開了 Seasons，加盟香港瑞吉酒店的 L'Envol。
8. 本文寫作時 Paul Bocuse 尚在世。
9. 他的餐廳——位於里昂附近維也納小城（Vienne）的金字塔餐廳（Restaurant de la Pyramide）——在當年是法國首屈一指的美食聖地。
10. 烹飪技術是有科學與否之區別的。
11. Frédéric Anton 在香港 Petrus 餐廳當客座廚師時，我曾到那裡用餐。

在 海 膽 離 開 前 聊 聊 [1]

Amber

在之前寫龍景軒時，我曾寫到「二○一○至二○一三年四季酒店裡的龍景軒和 Caprice 均獲得米其林三星。後來 Caprice 因『開國元勳』Vincent Thierry 於二○一三年離職而於次年降為二星 [2]，龍景軒成了孤身一家。」

有一家法餐廳差不多與 Caprice 同時開業（2005），並於港澳《米其林指南》發佈的第一年一同獲得二星（2009），這便是 Amber。一年後 Caprice 平步青雲至三星，而 Amber 則一直是米其林二星。相對於上上下下，歷經「悲歡離合」的 Caprice，Amber 卻也落得舒適自在。

Amber 在亞洲範圍內都有著極高的聲譽，二○一六年「亞洲 50 最佳餐廳」榜單上它位列第四；二○一五年「世界 50 最

佳餐廳」中則位居第三十八名。

Amber 意為「琥珀」，餐廳整體的裝修以琥珀色為主調，雖歷十年風雨，也完全看不出滄桑[3]。Amber 位處置地文華，這是一家與文華東方氣質很不相同的酒店，前者偏現代化，而後者則洋溢著濃重的舊時代氛圍。因此其中的餐廳也有著不同的氣質，Amber 充滿現代感，也比文華東方的 Pierre[4] 來得寬敞些。除散桌外，另有吧檯及包房，並提供早中晚、吧檯零點等多層次餐飲服務。

主廚 Richard Ekkebus 可謂是打造 Amber 的第一功臣。他雖是荷蘭人，但年輕時便開始接受專業的法國烹飪訓練。早年師從荷蘭星級廚師 Hans Snijders 及 Robert Kranenborg，可謂少年得志，早早便獲得各類獎項；後再拜入 Pierre Gagnaire、Alain Passard 及 Guy Savoy 等名廚門下，磨煉廚藝。學成後，遊歷各地，在多個度假酒店擔任行政主廚，瞭解各地風物。最後入主置地文華，成就了 Amber 的今天。

目前的行政主廚 Maxime Gilbert[5] 則是土生土長的法國人，之前師從 Yannick Alléno，並協助其在北京香格里拉飯店開設了 S.T.A.Y. 思餐廳[6]。從清關程式複雜、進口管控嚴格的北京來到「自由港」香港，對於大部分廚師而言都是件大好事。在這裡 Gilbert 的才華得到了極大的發揮，Amber 穩定的口碑也側面證明了這位年輕主廚的能力。

Amber 的菜品和菜單設計在最近一兩年發生了一些比較明顯的變化。我二〇一四年第一次去時，Amber 的菜單上已經陸續出現一些典型的亞洲食材（日本為主）。當時菜式基本是這

樣的：海膽花椰菜蓉、炸蛙腿、伊比利亞火腿配蜜瓜、烤宮崎和牛扒及煎海鱸魚等等，雖然在食材上早已不再局限於法國貨了，但烹飪和呈現手法都是直觀的歐陸風情。

Amber 很早便將宮崎和牛編入菜單，並用法國烹飪的方式去處理這種脂肪豐富、肉質細膩的牛肉。但除少量原料以外，我第一次去 Amber 時並未感受到太過明顯的法日融合色彩。

雖然 Amber 的招牌菜之一，「北海道海膽、龍蝦果凍配椰菜花蓉、魚子醬及海藻薄脆」使用了北海道海膽，但從烹飪的手法和最後的呈現而言，都是濃濃的法國味道。但在最近的實踐中，Amber 引入了更多日本原料，並且在烹飪方法上也借鑒了許多日本料理的方法。比如備長炭烤、天婦羅方式油炸及刺身等等。這也是跟隨了日本料理大熱的烹飪潮流。不過如何在融合與正統之間找到一條清晰的分界線，是很多借用日料概念的餐廳需要考慮的。

現代高級法餐在食材的包容度、烹飪手法的世界性都很具有探索精神。以至於我們在法式小館和高級法餐廳吃到的菜式，基本上屬於兩種氣質截然不同的食物。

Amber 在某種程度上已經開始了「世界美食」的探索。比如在 Amber 最近的菜單上，亞洲食材佔據了非常大的比例。以去年（編按：即二〇一五年）的秋季菜單為例，竹筴魚、北海道馬糞海膽、宮崎和牛及喜知次魚等等都在菜單中扮演了非常重要的角色。然而與 Wagyu Takumi[7] 一類典型的融合餐廳不同的是，Amber 的品嚐體驗依舊扎根在法國烹飪上。

比如竹筴魚，用的是番茄汁醃製後微熏，配芫荽濃汁。

上｜北海道海膽、龍蝦果凍配椰菜花蓉、魚子醬

下｜宮崎和牛

魚種類繁多，但 Amber 菜單上特意用日文羅馬字標注是竹筴魚，從主廚的社交媒體帳號上面也可以發現，大量的海鮮原料都來自於日本。但這道菜的做法卻沒有多少日本風情，味道是微酸的番茄汁配芫荽濃汁，襯托出竹筴魚的甘甜味。

作為 Amber 的招牌菜，「北海道海膽、龍蝦果凍配椰菜花蓉、魚子醬及海藻薄脆」是廣受食客好評的一味。海藻薄脆是其中非常重要的一個組成部分，薄脆若受潮變味，則這道菜的感覺會大打折扣。上菜時薄脆保持在最佳狀態，由於這道菜有四個層次，因此需要垂直落勺，將每一層次都一口品嚐。

這種疊加式的結構是目前很常見的料理思路，如何去選擇食材進行組合最為關鍵。我最喜歡的是鋪底的椰菜花蓉，最討厭的是頂上無謂的金箔。從椰菜花蓉到龍蝦果凍，再到濃郁的海膽，最後收於味道最重的魚子醬，配以清香的薄脆，不同的質地和味道在口中混合，以求達到一種和諧。之所以這道菜受人歡迎，在我看來是因為其味合。

說到這道菜，需要提一句。二〇一六年六月開始 Amber 已不再提供這個招牌菜 [8]。之後的歲月裡各位若想吃這道菜便只能去三藩市的 In Situ 餐廳，這是 Corey Lee 的新餐廳，將會復刻世上諸多名餐廳的招牌菜。不想飛去美國西部的朋友們就趕緊去 Amber 一睹海膽芳容吧。

海螯蝦蝦尾這道菜裡有趣的是配了脆雞皮，我即刻便想到了日本燒鳥，但兩種食材是否搭配，我倒是持保留態度。

喜知次是一種極具日本風情的魚，現在被視為較高級的食材。但在早期喜知次由於脂肪含量高，並不受到食客歡迎，曾一

上｜新版竹筴魚、萵苣、青瓜配小麥草汁

下｜大黃草莓雪葩

度被用作肥料使用，可見食客興趣偏好的轉變是非常戲劇性的。

　　Amber 的做法是單向烤製帶皮的一面，配以水煮章魚、甜椒及鰻魚。喜知次這樣脂肪含量豐富，魚肉軟嫩細膩的魚，據我的經驗來看，法餐中較少見到。因法國，尤其地中海一帶的魚種脂肪和水分含量與日本魚種都差別較大。因此在口感上雖顯得略微突兀，但卻是我在法餐廳裡遇到過的最令人滿意的魚料理之一。

　　重口味的芝士並不是我的菜，因此要了兩種口味相對較淡的。Amber 的芝士製造商是 Bernard Antony。

　　兩道甜品，第一道是雪葩配檸檬奶凍及百里香檸檬汁，比較清口，但酸味過重，美白過牙齒的朋友們可能受不了。最後一道甜品則是 64% Manjari 巧克力包裹 Dulcey 巧克力，配焦糖夏威夷果和可可雪葩，總之是味道非常濃郁的一道甜品。對我而言，這麼濃墨重彩的最後一筆是無法接受的。但似乎文華系的餐廳都喜歡用重口味甜品收尾。

　　其他菜品便不再一一討論，從用餐體驗的完整性而言，Amber 是一家完成度很高的餐廳。但我並不覺得它是無懈可擊的，首先第一次去的時候服務態度顯得禮貌卻不貼心，破壞了高級餐飲最基本的一個環節。

　　其次，坐在包廂裡，空調溫度太低，菜品降溫迅速。長時間用餐導致體寒焦慮，影響用餐體驗，最後不得不披著餐廳提供的披肩吃完。

　　第三，菜單設計的邏輯關係欠強。週末配酒午餐是由食客自行選擇菜式，沒什麼好說。但晚餐的品嚐菜單體現的是廚師

的烹飪理念。從二〇一五年九月份的菜單而言，菜品的排列上除了輕重口味交錯以外（例如去年〔編按：即二〇一五年〕九月的菜單：西葫蘆－竹筴魚－海膽－海螯蝦－鵝肝－和牛或喜知次－芝士－檸檬甜品－巧克力甜品），缺乏更進一步的邏輯，也很難讓食客通過品嚐整個菜單來理解主廚的烹飪理念。

這樣的菜單設計屬於每一道單品都在水準之上，但整體表演缺乏組織。當然相較同檔次其他一些名餐廳，Amber 的菜單設計不算差，只不過完成度可以更高。

註

1. 寫於二〇一六年四月。海膽菜式後來作為經典菜單的一部分，重新回歸 Amber。Amber 於二〇一八年末暫停營業半年，進行內部裝修及烹飪理念調整。二〇一九年五月重新開業，不僅內裝完全不同，烹飪理念也大幅改革。主廚 Richard Ekkebus 選擇了一條更為現代、輕簡、健康的烹飪路徑，最主要的變化是不再使用任何乳製品、不使用任何麩質，以及加重蔬果原料的比例。新開業的 Amber 一時間成為城中討論的熱點，我雖然已經拜訪過，但覺得需要再去幾次方可給出公允的評價。因此本文維持原狀，權當一篇歷史記錄。

2. Caprice 在兩年前迎來新主廚 Guillaume Galliot 後口碑好轉，二〇一九年港澳《米其林指南》中重回三星。

3. Amber 已重新裝修。

4. 已結業。

5. Maxime 在本文完成後沒多久便自立門戶，後來開設了 Écriture，於二〇一九年港澳《米其林指南》中獲得二星。

6. 已結業。

7. 後主廚小西充（Mitsuru Konishi）離職，副廚森大祐（Daisuke Mori）升任主廚，餐廳改名為「Takumi by Daisuke Mori」。

8. 此菜後來又回歸了 Amber。

旅程一頁，人生一刻 [1]

Ta Vie 旅

我們是偶爾拾獲這一漂流瓶的旅人，我們人生中的片刻時光也因此與 Ta Vie 旅發生了關聯。

中環的石板街正式的名稱是砵典乍街（Pottinger Street），得名自第一任港督璞鼎查（1789-1856）爵士。一八五八年為紀念璞鼎查，港英政府將這條連接山下平地（皇后大道中）與山上荷李活道的石板街定名「砵典乍街」。至於「璞鼎查」與「砵典乍」之分，自然是官話與粵語音譯的區別所致了。

後來港英政府開始填海擴張港島平地面積，至上世紀初開通干諾道[2]，砵典乍街便成為了一條連接荷李活道與干諾道的小街。至於為何俗稱「石板街」，則是因為荷李活道至皇后大道中的這一段陡坡由青石板砌成。

香港夏日多雨，為防石板路滑，當初設計時故意砌得一凸

一凹。這條小石板路經歷百年風雨，至今仍是中環一道獨特的風景線，也是著名攝影師何藩（1931-2016）和趙羨藻（1936-）等人鏡頭下常見的光影背景。

二〇一四年年中，信和集團在石板街邊上開了家精品酒店，取名「中環．石板街酒店」（The Pottinger）。不過單聞香氛的味道，我總誤以為這酒店是香格里拉集團的。在信和集團的一眾酒店中，石板街酒店無疑是風格最獨特的了。除了想盡辦法融入周圍的老香港氛圍外，酒店在餐飲上也花了些功夫。先是開了家做和牛的扒房，名喚「葆里湛西洋料理」（Holytan Grill），據說斥鉅資置備了香港唯一的紅外線烤爐來精確烤製和牛肉。但開業不到一年，生意蕭條，口碑一般，便草草結業了。

石板街酒店開業的時候，佐藤秀明（1976- ）還是天空龍吟的主廚。那兩年我常去天空龍吟，因此早已認得他；也很早便聽說他會在二〇一五年自立門戶，開一家新餐廳。只不過當時不知道這家取名叫做「Ta Vie 旅」的餐廳會取代葆里湛西洋料理，成為石板街酒店餐飲之星。

佐藤秀明是長野縣人士，十九歲從兼職做起逐步接觸烹飪，後來系統性學習了法餐，成為了一名法餐廚師。三十歲時他已經是輕井澤的 Hermitage de Tamura 餐廳主廚，按理說他當時已經小有成就，職業道路似乎十分明確。但那一年他第一次吃到龍吟主廚山本征治的菜，其中一道墨魚汁菜式極大地啟發了佐藤秀明。於是他懇請山本征治讓他到龍吟學習，即便不拿工資也可以。

人生的一刻衝動，使得整個旅程都徹底改道。一開始，佐

藤只是利用週末時間去龍吟學習，後來索性放棄餐廳主廚的工作，全職加入龍吟，那時候他已經三十二歲。三十二歲時放下一切重新啟程，對任何人而言，都可謂壯舉。

在龍吟學習工作的四五年裡，他受到了山本征治的賞識，二〇一二年龍吟的第一家海外分店天空龍吟在香港開幕，佐藤秀明被選派為主廚。短短半年內，天空龍吟便拿下了米其林二星，並很快進入各類榜單中。隨後幾年，天空龍吟一直保持米其林二星和良好的食客口碑。

三家龍吟中，可以說祥雲龍吟最天馬行空，天空龍吟則是被禁錮地最牢的，風格基本與本店維持一致。但就是在這枷鎖中，我也注意到佐藤秀明的創作，有一道菜在後來成為了 Ta Vie 旅的保留菜式之一，叫做「超現實主義」（Surrealism），是用薄切和牛微微汆燙後（受日本涮鍋啟發）包裹生蠔，配以塊根芹碎末果凍。當時在天空龍吟第一次吃到便覺得有些新奇，果然這驚鴻一現埋下了日後佐藤主廚大動作的伏筆。

到後來聽說佐藤主廚是在 Global Link[3] 的支持下，開設了一家法餐廳，一切便順理成章了。

Ta Vie 旅這個名字其實是雙關語，在法語裡「Ta Vie」意為「你的人生」，而在日語中「旅」字讀たび（Tabi），在日語的發音體系中可以認為是同音詞[4]。人生便是一場旅行，而在此處用餐也是旅程一頁，人生一刻。

二〇一五年年中，Ta Vie 旅開業，我早早便訂了位，想去一探究竟。不過第一次拜訪有些令人失望。佐藤主廚似乎沒有徹底理清思路，菜式上還留有濃重的龍吟時期殘留，並未完成

菜單邏輯的梳理，甚至連菜單的格式都與天空龍吟如出一轍。而 Ta Vie 旅還保留了葆里湛西洋料理的裝修框架，給人一種新瓶裝舊酒之感。

但即便如此，往後的參天大樹也已經從那一刻開始發芽。對於亞洲食材的倚重，法餐與日本料理的體用結合，及以簡化繁的逆向烹飪思維都在早期的菜式中有所體現。不過第一次的失望經歷讓我足有十個月未再回訪，直到好友說 Ta Vie 旅有些新變化，值得再給一次機會。

再次回到 Ta Vie 旅已經是二〇一六年春季，從入場的呈現到整個菜單的邏輯都與開業時不同。菜單以漂流瓶形式呈現，象徵著人生偶遇與資訊傳遞。那是一份邏輯完整的春季菜單，美味、簡約、時令且優美。從此之後我便成了這裡的常客，每個季度拜訪是基本的。除了食客的肯定外，《米其林指南》也很快給了 Ta Vie 旅一星（2016），二〇一七年給了二星，一直保持到現在。

Ta Vie 旅的基礎是法餐，這是佐藤秀明的老本行[5]。作為一個在龍吟有系統性和食訓練的廚師，他對日本料理的理解比大部分日本法餐廚師都要深刻，因此同為日系法餐，佐藤秀明的融合便顯得更不動聲色。

所謂日系法餐是當下風頭正勁的潮流，莫說日本的法餐廚師，即便歐美的廚師也都紛紛玩起日本元素，當代法餐正在發生一些海納百川的新變化。但歐美廚師對日本元素的運用邏輯與日本廚師並不一致，原因在於廚師自身的味蕾體驗不同。

日系法餐的味蕾體驗是符合亞洲人審美的，它在醬汁的運

用上、食材的搭配上、調味的邏輯上，烹飪的溫度上都有不同於歐美法餐的一些特徵。Ta Vie 旅無疑具有濃郁的日系法餐特點，但又沒有脫離法餐的框架，所有日本食材與和食的烹飪技巧都是為了菜單主題服務。

比如 Ta Vie 旅的酵種麵包（Pain au Levain）用的是米糠漬菜（糠漬け）中的酵母，米糠中的天然酵母將日本傳統漬物與法式麵包這兩種風馬牛不相及的東西結合在了一起，是一種殊途同歸的融合。除了酵母來源特別之外，小麥粉用的是北海道產的北之香（Kitanokaori，キタノカオリ）品種。新鮮出爐的酵種麵包，外表酥脆，內部綿軟，透著淡淡的麵粉發酵香氣，是我最喜歡的餐前麵包之一。

運用日本食材自然是日系法餐的重要特點，但如今這並不稀奇。Ta Vie 旅對於日本食材的選擇不是簡單突出其產地特點，而是在優質的基礎上，讓它自然融入到菜品的表達中。

春季的抱籽長槍烏賊（子持ち槍烏賊）是一種典型的日本食材，也是春季壽司店酒肴裡的常客。佐藤主廚用法國鑄鐵小圓鍋（Cocotte）烹製，配以土豆、塊根芹及少許香草，令抱籽長槍烏賊的美味體現在法國味道中，是全然不同的味覺體驗。

而保留項目海藻意麵配馬糞海膽，雖常不在菜單中列出，卻是每晚的小亮點。佐藤主廚觀察到亞洲客人對碳水化合物的依賴，因此在菜單中間插入一道意麵，既不會有飽腹感，亦讓客人獲得碳水化合物帶來的滿足感。意麵是餐廳自製的，但較為軟身，口感不同於一般意麵，這是主廚根據亞洲客人對麵食的偏好進行的改良。

上｜酵種麵包

下｜海藻意麵配馬糞海膽

若有人要用意大利菜的標準來品評一番，只能說全然以自己的狹隘認知為出發點了。海藻隨著季節轉變，顏色、口感和味道會發生細微的變化，配以馬糞海膽，一清一濃，形成不同的味覺層次。這道菜雖然只有一兩口的量，卻是我每次十分期待的環節。

大部分日系法餐止步於日法融合，而 Ta Vie 旅的思維則更進一步。香港以「亞洲國際都會」（Asia's World City）自居，Ta Vie 旅也從日本食材出發，將視野擴大到整個亞洲。無論是食材還是酒單，都囊括了很多日本之外的亞洲物產。佐藤主廚利用假期去各地採風，廣東的雞、雲南的菌菇、寧夏的紅酒和浙江的茶葉等等，都被收入其中，與其他食材產生和諧的共鳴。

經典菜之一的陶罐燉煮（Civet）鮑魚配鮑魚殼，用的便是韓國大黑鮑。做法是法式的燉煮，調味上以白葡萄酒與洋蔥為基礎，加入日本人普遍食用的鮑魚肝；上菜時配以融入鮑魚肝的酥皮「鮑魚殼」（鮑魚殼顏色每次因鮑魚肝顏色不同而有變化），形成一個食材的分解與重組。食用時先敲碎酥皮鮑魚殼，然後與鮑魚及醬汁一起食用，鮑魚的糯軟、鮑魚殼的酥脆，以及醬汁的濃稠感組合在口中，是一種風味濃郁的法式風情，而絕非簡單的亞洲食材展示。

再比如與日本牛蒡一起煮過的鴨清湯（Consommé）中便用了雞樅菌、姬松茸、老人頭菌（Catathelasma）及猴頭菇等多種菌菇，其中雞樅菌和姬松茸都是雲南產的。而與其搭配的是鴨肉雲吞（Wonton，不是 Ravioli），是一道中法碰撞的菜品。鴨湯的主體味道仍是法式清湯風格，但亞洲食材的加入使

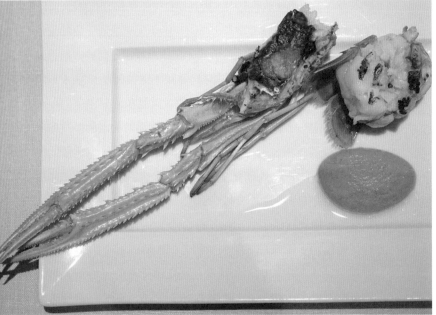

上｜陶罐燉煮鮑魚配鮑魚殼

下｜日本螯蝦

得湯的味道層次更為豐富，配合鴨肉雲吞放在菜單的第二道，正好暖胃。

又比如黃皮果與香檳的搭配亦是一個有趣的融合，黃皮是嶺南一帶的特產，佐藤主廚來了香港之後才接觸這一水果。黃皮果清新爽口的味道令他聯想到香檳的清雅，於是一款有趣的雞尾酒便誕生了。這是佐藤主廚不斷探索亞洲食材與法餐相結合的一個小插曲。

Ta Vie 旅對亞洲食材的運用，以及烹飪手法的融合都以平衡合理為基礎，因此整體的品嚐體驗依舊是法餐式的。然而玩融合者多矣，這並不足以使 Ta Vie 旅成為一家獨特的餐廳。任何餐廳的特質都是多維度的，只在一個維度上發展的餐廳，往往難以具有整體的格局。

地域維度之外，時間亦是基本的維度。Ta Vie 旅遵循著季節時令的變換，將日本料理「旬」的概念充分融入到四季菜單中。Ta Vie 旅的菜品研發十分細緻謹慎，菜單更新速度不快，是一種穩定踏實的菜單邏輯更替。不似某些幾週便大換菜單的餐廳，Ta Vie 旅的每一道菜、每一個菜單都經得起推敲。

春日滋味豐富的抱籽長槍烏賊、輕盈的螢光魷魚（蛍烏賊）、各式蘆筍及其他蔬菜；初夏的生蠔運用多種方式呈現，或與綠色蔬果汁做成的冰沙配對成清爽鮮美的前菜，或與鴨高湯搭配成主菜前的鮮美過渡，鮑魚、鰲蝦等等其他海鮮就無須贅述了，各式瓜果也在甜品中扮演了重要角色；秋季的菌菇、松茸、雞樅菌，還有松露，各式根莖原料也開始走上餐桌；冬季的鱈魚白子、北海道毛蟹及松葉蟹，讓菜單顯示出冬日大自

然豐富的饋贈。

跨越季節的和牛、鴿肉和豬肉等自不用提，每一個季節去都可以體驗到不同的物產和菜式。

佐藤秀明的烹飪理念中有一種傳承自日本料理的減法，每一道菜將組成部分進行精簡，追求簡約和純粹。Ta Vie 旅在細節上處處體現著日本料理般的簡約感和輕盈感。

遇到適合簡單處理的食材時，佐藤主廚便純粹讓食材說話。比如美味的日本螯蝦（長手海老）和伊勢龍蝦（伊勢海老），便分別用炭烤和平底鍋煎製，前者配以清淡的茄子醬，後者則用少許糖漬佛手柑汁做搭配，都是突出主食材的結構設計。尤其是日本螯蝦，簡直可以說毫無多餘處理，純粹用炭火的溫度將蝦肉的香氣激發出來，汁水則恰好封在內部，十分美味。這便是烹飪的輕盈感和調味的純粹感之例證。

Ta Vie 旅的冷前菜常用疊加法，每一部分食材的味道相對獨立，以少許輕盈的醬汁連為一體。比如日本毛蟹與牛油果通過八珍甜醋汁（受中國蟹醋的啟發）連結，蓋以薄薄一層菊花果凍，整個菜品並不複雜，但深秋的意象不言而喻，吃進嘴裡亦美味而平衡。

同樣的邏輯是貫穿 Ta Vie 旅的前菜的，比如鵝肝醬與甜菜頭的拼接，配以少許草莓和黑松露，是濃郁與清新的協奏曲。再比如「蟹肉三明治」（Crab House Sandwich），主體是松葉蟹肉，底部配以少許蔬菜，頂上則是蟹形狀的蕎麥脆片，三層食材在嘴中融為一體，恰如其名。

而甜品和餐後小甜點是體現 Ta Vie 旅簡約理念的經典部

上｜抱籽長槍烏賊

下｜鵝肝、甜菜、草莓配黑松露

分。Ta Vie 旅將甜品的甜膩度減低，一改傳統法餐膩上加膩的甜品理念，讓甜品從突兀的最高音變為和諧的尾韻，讓味蕾得到放鬆和清潔。

甘王草莓（Amaou Strawberry，あまおう莓）這一款甜品，以草莓、玫瑰和杏仁為主原料，清香且清爽，簡約中透露出華美的質感。

枯葉（Les Feuilles Mortes）用簡單幾個枯黃脆片便將秋日的意象表達得十分生動，枯葉下方是新鮮栗子做的蒙布朗（Mont Blanc，法式栗子蛋糕），甜度控制在適當的水準，配以普洱冰淇淋，達到平衡。

類似概念的還有鎌倉冰屋（Kamakura Snow Igloo）呈現的是冬日景色，天使奶油（Crème d'Ange）[6] 製成的「冰屋」，配以橘子雪葩，主體部分十分簡單，並不高深莫測，味道卻令人印象深刻。

即便是濃郁的搜尋黑松露（Black Truffle Hunting，熱黑巧克力泡芙）亦將甜度控制在適當範圍，隨後還要跟上糖漬金桔來平衡味覺體驗。

還有焦糖小香蕉配可麗餅（Crêpe）亦是我在 Ta Vie 旅吃到過的較為濃郁、複雜的甜品，配以松露碎，一切都要朝著甜膩的方向走了，結果一入口發現不但甜度控制得恰到好處，而且裡面還有百香果的清香，正好起到反向抑制的作用。

餐後小甜品中出現過的巧克力布丁，裡面混入了少許泰國檸檬皮，帶來了不一樣的清新香氣。若選擇以抹茶結尾，則搭配的是固定的核桃小糖酥，雷打不動，雖然簡單卻正好與抹茶

枯葉

搭配。Ta Vie 旅的每一個環節都體現著簡約和純粹的理念。

　　Ta Vie 旅的服務邏輯也與菜品一般優雅節制，熱情卻不狎昵，周到又保持客人用餐的私密空間。在 Ta Vie 旅吃飯於我而言是異常輕鬆自然的，所謂賓至如歸大概如此了吧？

　　初次訪問 Ta Vie 旅大概會覺得波瀾不驚，甚至覺得整個菜單缺乏一個突點式的高潮。但在多次拜訪之後，我越來越感覺味覺體驗上的平穩流暢，烹飪邏輯的一致性，是 Ta Vie 旅最吸引我的地方。可以說全程都是高水準的呈現，菜單節奏的起伏是勻稱合理的。

　　廚師有很多方法讓食客第一口便大喊好吃，直白的好吃是容易做到的，豪華食材的堆砌、豐富濃郁的調味、味覺上的衝

擊，都是常見的手法。但只有極少數的廚師清楚地知道自己要表達什麼，並在這種衝動中進行長時間的鑽研，為真正熱愛美食的食客展示自己的成果，這樣的廚師我認為便是不折不扣的味覺藝術家。

佐藤秀明一直實踐著「純粹、簡約、時令」（Pure, Simple, Seasonal）三個關鍵字。在立足亞洲物產的基礎上，他通過 Ta Vie 旅的菜品與食客進行著無聲的交流。好比開場的漂流瓶菜單一樣，Ta Vie 旅的菜品承載著諸多資訊，在用餐的幾小時內我們便是偶爾拾獲這一漂流瓶的旅人，我們人生中的片刻時光也因此與 Ta Vie 旅發生了關聯，至於多少人接收到了這些資訊，多少人誤讀了這些資訊，多少人錯過了這些資訊，已都不重要。

註

1. 寫於二〇一八年三月十八至四月二日；基於多次拜訪；寫作前一次拜訪於二〇一八年三月。
2. Connaught Road，取英國王子干諾公爵之名。
3. 天空龍吟及鮨‧齋藤香港店等餐廳的投資人。
4. 這兩個音自然是不一樣的，但日語裡沒有 v 音，而且語音學上 b 音與 v/f 音存在很強的轉換關係。
5. 但據我瞭解他並無長時間在法國學習工作的經歷。
6. 主原料為奶油芝士、鮮奶油、脫乳清酸奶、檸檬汁、雞蛋白和糖。

大白和白松露及其他

兩種意式風情

意烹

ITALIAN

大白和白松露及其他 [1]

8½ Otto e Mezzo Bombana

> 每一個時令，菜單都會發生一些變化，將當季特色的原料融入其中。

二〇〇八年，中環的麗嘉酒店（麗思卡爾頓）拆遷，因為中國建設銀行的新樓選址此處。麗思卡爾頓酒店在中環營業十五年，但如今已無多少人記得。只知道中環地鐵站有一個只通往建銀大廈的出口……

在舊麗嘉酒店裡，曾經有一家意大利餐廳名為托斯卡納（Toscana），其主廚是 Umberto Bombana，乃意大利西北部貝爾加莫（Bergamo）人。

他早年師從意大利名廚 Ezio Santin [2]。一九八三年，Bombana 遠赴洛杉磯，在著名的意大利餐廳 Rex Il Ristorante 工作。此餐廳是奧斯卡頒獎典禮後常用的官方晚會場所，並且

有幾部著名影片亦在此處取景，比如《風月俏佳人》（*Pretty Woman*）等。主廚 Mauro Vincenti 於一九九六年去世，餐廳關閉。

一九九三年起，Bombana 便主理舊麗嘉酒店意大利餐廳托斯卡納，直到酒店搬遷、餐廳結業為止。在這期間，Bombana 將阿爾巴 (Alba) 的白松露介紹給廣大的香港食客，也為若干年後，白松露浪潮掃遍中國埋下了伏筆。

二○○六年，皮埃蒙特大區（Piemonte）授予其白松露國際大使稱號，而他更是被坊間譽為「白松露之王」。每年拍賣，Bombana 常可獲得品質最佳的阿爾巴白松露貨源（不一定是最大）。二○一一年十一月十三日，他還組織了中國買家通過衛星連線意大利現場，進行白松露拍賣。如今有關無關的，都願意摻和白松露拍賣，這是後話了。

托斯卡納結業後，Bombana 於二○○九年夏天成為了意大利餐廳 The Drawing Room 的廚藝顧問，次年該餐廳便獲得米其林一星（後結業，目前已在元創方重開）。

二○一○年一月，Bombana 的新餐廳 8 1/2 Otto e Mezzo Bombana 開業。店名取自意大利名導費德里柯‧費里尼（Federico Fellini）的半自傳電影《八部半》（下稱「八部半」指代餐廳），Bombana 坦言電影是他的業餘愛好之一。在我看來，導演與廚師自有相似之處，後者是用自己的烹飪將意大利介紹給外面的世界，而前者則是用影像。二○一一年，餐廳即獲得米其林二星，二○一二年榮獲三星，並保持至今。而意大利之外第一家也是唯一米其林三星意大利菜的紀錄至今未破。

說了這麼多掉書袋的，回到餐廳本身來。前面說了 Bombana 是將阿爾巴白松露推廣至亞洲的功臣之一。白松露（學名 Tuber Magnatum）乃一真菌品種，最出名的產地是意大利皮埃蒙特大區的阿爾巴；除此之外，克羅地亞及法國部分地區也有野生白松露分佈[3]。白松露時令在秋末初冬，大約十一至十二月為最佳，隨後便是黑松露的季節了（澳洲黑松露季節與北半球可互補）。

　　但松露可貴之處在其奇特的香味，愛之者為之食慾大振，恨之者避之不及。它的香氣需要與合適的食材及烹飪手法相搭配，方能發揮到最好。相較黑松露，白松露的香氣更為淡雅，也較容易為人接受。

　　Bombana 對黑白松露均研究頗深，尤其白松露更是其餐廳招牌食材之一，一到季節，便門庭若市，大家都不願錯過品嚐阿爾巴白松露的時節。

　　我比較不喜歡所謂的松露菜單，每道菜都想盡辦法用上些松露，整餐下來嗅覺麻痹，審美疲勞。很多高級餐廳到了松露季節就會推出黑松露或白松露套餐，我一般都會避開這些套餐。在八部半，只有單點的白松露菜單，並不會有所謂的白松露套餐。不過我當年在這裡和一位熱愛白松露的朋友吃過每人一百克的特別菜單，令我一年多都不想吃白松露了。

　　太陽蛋與白松露的搭配可謂經典。蛋香濃郁的低溫慢煮太陽蛋，配上清香撲鼻的白松露，佐以油封土豆及雞油菌（Chanterelle），各種鮮香混雜一盤，令人難以抗拒。除此之外，在家裡則可用半熟的炒蛋搭配松露。

太陽蛋與白松露搭配

　　其次便是各類意粉和麵點了，意粉的品質和種類是判斷一家意大利餐廳的重要標誌。八部半的意粉菜單定期更換，單次拜訪選擇相對有限，但每種都令人印象深刻，配上應季的松露更使味道得以昇華。

　　上次拜訪，我們麻煩 Bombana 大廚安排了菜單，在保留八部半廚師菜單的特色下，將當季的白松露也融入進去。一個菜單中有兩道菜配上了白松露。

　　先是溫熱的龍蝦沙拉，肉質軟嫩多汁的龍蝦，配上喜馬拉雅松茸，上面刨上一層白松露，松茸的鮮與龍蝦的甜，混合在口中配以白松露的香氣，將食客的感官和胃口都先打開了。

不過七月份時有道前菜也採用了類似的食材和烹飪方法。冰島的螯蝦微煎，配以海鮮泡沫、喜馬拉雅松茸等烹製而成。雖然螯蝦溫度恰當，鮮嫩多汁，但尾韻稍重。

與海鮮相比，肉類配白松露容易喧賓奪主，反而黑松露顯得更為合適。比如去年（編按：即二〇一五年）白松露季，我點了小牛肉配白松露，便覺得兩者非常不搭，寡然無味。但澳洲和牛配塔斯馬尼亞黑松露則卻頗相得益彰。

隨後一道是細意大利麵，以黃油、帕瑪森芝士及碎牛肉調味烹製而成，上面輔以一層白松露。意麵本身的烹飪較為簡單直白，給白松露提供了一個發揮技藝的舞臺。這是一種單純的美味，烹飪上顯得簡單了些，卻仍然無法抗拒。

不過我更喜歡的其實是 Bombana 家鄉特色的一道南瓜燉飯（Pumpkin Risotto）。濃濃的南瓜與米粒融為一體，配以牛臉頰濃汁及芳香芝士，品嚐第一口就感到滿足。

雖然八部半最出名的是阿爾巴白松露，但黑松露季節時（冬季提供法國黑松露，夏季則使用澳洲黑松露）也提供上乘的黑松露菜肴。每一個時令，菜單都會發生一些變化（部分招牌菜式會保留），將當季特色的原料融入其中，比如各式應季菌類及白蘆筍等等。

每一季的菜單，選擇是有限的。八部半並沒有特別突出的套餐特色，除卻一個品嚐套餐外，便是單點菜單了。每季將可單點的菜品數量壓縮，才更能反映出主廚對於時令烹飪的理解。

主菜裡，海鮮和牛羊肉菜式都保持著極高的水準，無論是澳洲 Mayura 牛場的牛肉，還是法國比利牛斯（Pyrénées）的小

上│牛舌蘑菇肉汁

下│南瓜燉飯配牛臉頰肉

羊肉，都令人十分滿意。

說到甜品，則不得不提現代提拉米蘇、梨撻及意大利冰淇淋。這裡的混酒精意大利冰淇淋（Sgroppino）也十分美味，清爽的檸檬雪葩配上意大利氣泡酒和檸檬皮碎，清爽宜人，又可清潔味蕾。不過濃郁的巧克力系的甜品基本都不是我的菜。二〇一六年生日去八部半吃飯，餐廳送的生日小蛋糕便是巧克力做的，最後硬是沒吃完……

梨撻則較為輕薄清爽，吃完不會有什麼甜膩之感。

八部半的菜式在烹飪上多無太多創新和顛覆，遵循傳統意大利菜的規則，但在分量、菜品平衡度、跨區域食材的組合及套餐搭配上則做了大刀闊斧的改變和調整。在我看來，Bombana 的魅力在於將氣質親民的菜式精確烹調，將粗獷的意大利菜刻板印象一掃而盡，在異國他鄉通過最佳方式將家鄉美味介紹給陌生食客。

這裡的氣質是輕鬆而現代化的，它的就餐空間不走香港意大利餐廳常見的懷舊風或歐洲復古風。在不算寬敞的空間裡，以簡潔明瞭的現代裝飾為主。每次去八部半並沒有太多新鮮刺激感，但各個方面都很平衡適中，讓人有回訪的慾望。

以前在書店看過一本書，叫做《永遠不要相信苗條的意大利廚師》（*Never Trust a Skinny Italian Chef*）。一看到 Bombana 胖胖的樣子，就想起了這本書。白色廚師服配上胖胖的身材，讓人想起了《超能陸戰隊》（*Big Hero 6*）裡的「大白」。於是我們私下裡便以大白稱呼他，並將這個稱呼當面告知了大廚，大廚欣然接受……

梨撻

　　十一月九日公佈的二〇一七年港澳《米其林指南》中，八部半蟬聯三星。某種程度上，這是預料之中的。但做為食客的我，有時候在想，八部半會不會太過周正了？而品嚐菜單的設計也有些傳統。當一個食客反覆拜訪時，似乎偶爾的驚喜是不可或缺的。

註

1. 寫於二〇一六年十一月八至九日；基於多次拜訪；寫作前一次拜訪於二〇一六年十月。
2. 其米蘭附近的餐廳 Antica Osteria del Ponte 在一九九〇年成為意大利第二家獲得米其林三星的餐廳，但之後降為二星，二〇〇九年拒絕米其林星級。
3. 內地的西南地區亦有分佈。

兩種意式風情 [1]

Da Domenico、
Carbone

> 一個城市的餐飲發達度體現在廣度和深度兩個層面，香港在兩方面都較突出。
>
> 音心

　　意大利菜似乎出了國就常水土不服，不是淪為刻板印象的披薩意粉組合，就是精緻得讓人分不清是高級法餐還是意大利菜。

　　香港雖然東西文化交融，各式餐廳密佈，如果只是要找一處意麵或者披薩做得不錯的地方，倒並不難；若要舉出幾家別具風情、讓人印象深刻的意大利館子則要仔細思量。之前寫過的 8 1/2 Otto e Mezzo Bombana 屬於精緻意大利菜的代表，主廚來自意大利西北部的貝爾加莫，雖然我挺喜歡 Bombana 的菜式，但平時想找個隨意休閑些的意大利館子，自然不會去那兒。

Da Domenico

　　幾年前與前公司一位領導吃飯，隨口聊起本地的意大利菜，他推薦了一家位於銅鑼灣的餐廳 Da Domenico。由於我對銅鑼灣這個人流密佈、水泄不通之地頗為恐懼，因此心裡記下了餐廳名，卻久久未曾拜訪。直到後來有幾位本地老饕[2]亦齊齊推薦這家餐廳，才下定決心與朋友去吃了。Da Domenico 在食客間流傳著各類故事，有人說物有所值，有人說性價比低；有人說主廚善於安排菜單，有人說餐廳幾無服務，各種矛盾說法相互交織，倒給人一種探險的動力。

　　主廚兼店東 Alessandro 是羅馬人，因愛情而留在香港，落地生根，在銅鑼灣開設了這家意大利餐廳。餐廳原先在開平道，後搬到銅鑼灣道現址，如果不注意看門牌號，很容易在周圍繞半天都找不到。第一次去就繞了幾圈才找到，餐廳門臉其實不小，只不過店名牌很小，非常不顯眼地寫在餐廳門臉的左上角。進入餐廳，光線昏暗，當時入座率並不十分高，至更晚時方滿席。不過我們入座時，隔壁一桌看似熟客的中年男子已經酒過半晌、情緒激昂了。

　　這裡的菜單十分簡潔，各大類均只有幾種選擇，時令菜式則單獨手寫在另一張菜單上。如果第一次來不知該點什麼，倒是可以讓主廚來決定，我們便是這麼辦的。主廚一聽我們的請求就迅速從廚房出來，用流利的粵語問我們胃口如何、有沒有特別想吃的食材或者菜式、有否忌口等等。果然是個在香港生根的老炮，粵語比許多港漂都要說得溜。我們回答大致偏好

後，主廚便風風火火地跑進廚房準備了。

看蔡瀾先生的文章說，主廚並不希望太多人知道他的店，更無意願成為人氣餐廳，當年蔡瀾想寫一下這家餐廳，還被主廚一口拒絕，實在是位個性突出的老闆。據說 Alessandro 的家族在羅馬亦開有同名餐廳，看來烹飪是家學了。

餐廳光線頗暗，我正在調光時，主廚和服務員拿著第一道菜過來了。一放下餐盤，主廚就催促我們快吃，說是微烤過的馬蘇里拉芝士（Mozzarella）配上意大利小番茄和十八年意大利果醋（Balsamic），簡單到無以復加。我正要拍照，主廚大叫，快吃啦，冷了就不好吃了。嚇得我唭嚓一張了事，趕緊吃了起來。芝士的香氣在微烤後得到充分釋放，與小番茄的甜和果醋的酸混在一起，形成複雜的味覺體驗。看來主廚確實有那麼幾下子，且忍了他急躁的脾氣。

由於家族做餐飲生意，因此餐廳的原料據說有特別採購渠道，而且都以最迅速的方式運到香港，保證食材的新鮮度。這樣的原料採購方式較大餐廳有更高的自由度。難怪這裡的海鮮尤其為人稱道，當晚吃的小章魚簡單用橄欖油爆一下，與朝鮮薊同煮，配以少許鹽花和黑胡椒，一入口汁水滿滿，肉質細嫩，鮮美異常。如此其貌不揚的一道菜，竟然讓人有繞梁三日之感，全在食材佔優。

這裡的紅蝦意大利扁麵（Linguini）是一道坊間傳奇，有人說全港找不出更好的，也有人說完全不值這價格。上桌時確實賣相普通，滿滿一把扁麵和紅蝦堆疊在盤子上，蝦頭的紅油四溢，看上去沒有太大吸引力。待到入口，卻令人大呼美味，

上｜馬蘇里拉芝士配小番茄及十八年意大利果醋（攝於 Da Domenico）

下｜紅蝦意大利扁麵（攝於 Da Domenico）

扁麵充分吸收了紅蝦的鮮甜，油潤順滑，越嚼越鮮。紅蝦頭十分鮮美，輕輕吮吸，滿口的鮮味。出了歐洲，總感歎吃不到美味的紅蝦，沒想到在這裡竟感覺去到了地中海沿岸，彷彿自己坐在海濱小城品嚐毫不造作的地道紅蝦扁麵。

毫不造作是 Da Domenico 菜品的統一特點，主廚從不在擺盤上花功夫，所有心思都用在食材採購和烹飪火候的把握上。自製的意大利香腸配辣白菜，看樣子以為是速食店菜品，一吃卻鮮香甜辣齊迸發，讓人食慾大開。與橄欖共煮的意大利羊肉，清香鮮嫩，連橄欖都十分美味。

此處定價確實不低，但若說這裡是宰客之所，我倒不贊同。主廚在我們吃到一半時便詢問是否還有胃口吃更多菜品，吃到後面索性說差不多了。若是一味想賺錢，如何能這般考慮食客的用餐量和整體用餐體驗的呢？且這裡的食材之好，嚐了便知，定價高昂亦可以理解了。

Da Domenico 好像一家從羅馬穿越過來的小餐廳，毫不在意當地人的口味和偏好，只將羅馬港優質的漁獲運來，用最簡單地道的地中海烹飪料理，讓人一窺拉齊奧（Lazio）風情。這也許是餐廳多年來吸引城中富豪名人的原因所在吧！

Carbone

這些年有家叫 Carbone 的美式意大利菜館頗受歡迎，是從紐約開至香港的。美式意大利菜顧名思義便是結合了美國特色的意大利菜，肇始自十九世紀意大利移民大量湧入美國之後。

意大利移民是美國重要的族群，在熔爐般的美國文化中，意大利文化具有深遠的影響。

紐約的 Carbone 由 Mario Carbone、Rich Torrisi 及 Jeff Zalaznick 三人於二〇一三年三月合夥開設，位置選在具有歷史意義的 Rocco 餐廳原址。為了保留充滿歷史氣息的原貌，Carbone 幾乎沒有更改 Rocco 餐廳的外貌和內設。提供的食物亦延續 Rocco 餐廳美式意大利菜的風格，但在烹飪和呈現上自然有了馬里奧更多自己的表達。開業不到一年，Carbone 便獲得米其林一星榮譽，並一直保持到現在。

開業不到兩年，Carbone 便於二〇一四年末在香港開設了第一家海外分店。Carbone 在紐約時便聲名遠揚，尤其在金融民工圈中頗受歡迎（關於這一點紐約《米其林指南》中有生動的描述：「……午餐同晚餐一樣，受到大胃口的臭美金融民工（原文是 bankers）歡迎……」）。香港分店一開更是立馬掀起一股潮流，說起意大利菜，總有人會說 Carbone 你去了嗎？一聽說我還沒去過，就流露出沒法聊的神情。

然而，我便是這般性格，不跟風，從不趕第一時間去試吃。任何餐廳都需要一段時間的穩定和調整，何必著急？

Carbone 跟 Gordon Ramsay 那家難吃到極點的 Bread Street[3] 離得很近。出了電梯聞到一股濃郁的奶酪香氣。餐廳的內飾保持了紐約店的懷舊風格，牆上的木裝飾板、大方格紋的地板、白色桌布，以及身穿豔色禮服的服務員，都讓人有種回到五十年代紐約的錯覺。

已過正午，當是午餐時間了，卻不見其他賓客。服務員坦

言今日午餐只得我們一桌訂位。一不小心就包場了。服務員說，今天賽龍舟，大部分人都跑去看龍舟賽了吧。不過中環的大部分餐廳確實一直呈現工作日晚上訂位難，週末白天卻空閒的特點。

畢竟第一次來 Carbone，也不瞭解其平日的經營狀況，姑且聽之。但之前曾耳聞，Carbone 忙碌時，有變相催客之陋習，不知真假。今日一旦包場，無論如何也驗證不了了……

凡是帶上「美式」二字的食物總給人一種分量大、線條粗的印象，這也是我一直不願前來嘗試 Carbone 的原因之一。但實踐證明，雖然餐廳主打五十年代懷舊風的美式意大利菜，但在烹飪的精準度上已非傳統「美式」二字可以草率概括的了。

剛坐下，一個小哥便推來了一輛芝士車，厚木墊板上放著巨大的一塊格拉娜‧帕達諾芝士（Grana Padano Cheese）。大概餐廳裡飄散不去的芝士香氣便是從這車而來，小哥給我們切了一小碟，配以薩拉米香腸（Salami）和醃製過的花菜。這些算是開胃小餐，供我們看菜單時慢慢食用。

薩拉米香腸是最為常見的一種意大利香腸，肥瘦相間，呈現出紅底白點的紋路。冷切常來配酒，但我甚少飲酒，權且配個氣泡水吧……格拉娜‧帕達諾芝士因為質地堅硬，氣味濃郁，因此常常磨碎當做調料，直接拿來食用確實有些難以下口。

醃製的花菜酸味很重，而且有明顯的花椒香氣，不禁讓人想起四川泡菜。由於僅我們一桌客人，服務員便一直與我們聊天，也給我們大致推薦了一些菜式。雖然主廚改進自母親家庭

菜譜的肉丸很出名，但由於分量較大，因此作罷。

　　Carbone 的菜式基本都是兩人及以上分量的，因此想多品嚐自然要多叫些朋友前往。午餐套餐選擇有限，就直接從單點菜單中自由組合了。

　　這裡的麵包籃只有蒜蓉麵包和麵包棒（Grissini）兩種，無甚驚喜。蒜蓉麵包顯得有些油膩，幸好服務員給了我們一碟餐廳自製的辣椒油，用的是卡拉布里亞（Calabria，意大利南部一大區）辣椒，看上去非常像中國的辣椒油，味道上雖有不同，卻也殊途同歸。

　　前菜我們要的是不在菜單上的馬蘇里拉芝士配番茄[4]。中文常稱馬蘇里拉為「水牛芝士」，因早期馬蘇里拉確實以水牛奶製作，但如今基本都以牛奶製作，再叫水牛芝士就有點名不副實了。

　　服務員當場剪開馬蘇里拉芝士，微微撒了一些鹽，便可食用了。這道菜貴在簡單，橄欖油、普利亞大區（Puglia）的三色番茄，配著少許調味和羅勒葉，芝士的奶香與番茄的清甜一重一輕，相互平衡。

　　但第一道讓我食指大動的並不是這道經典沙拉，而是接下去的西班牙章魚（Octopus Pizzaiolo）。炭烤的章魚觸手，配以辣椒及小脆薯，醬汁濃郁；章魚肉厚實有嚼勁，雖不如慢煮之法來的糯軟，但依舊汁水充足，恰到好處。

　　意大利菜通常前菜之後便上意粉，而主菜則在其後。Carbone 的意粉皆為自製，我們點了服務員推薦的粗管通粉（Rigatoni），配以小牛肉所製的肉醬（Ragù）。

上｜炭烤章魚（攝於 Carbone）

下｜牛肉肉醬通粉（攝於 Carbone）

這道意粉在口味上依舊偏辣（Carbone 主廚對於辣味的運用頗有心得），配以少許芝士絲，令人胃口大開。通粉的硬度適中，而醬汁雖顯濃郁，卻不令人感到負擔重。分量也比預想得要收斂，還留下了吃主菜的胃口。

主菜的小牛排，牛肉是來自美國著名的肉類供應商林茲（Linz）家族的安格斯牛，簡單烤至三成熟，配以迷迭香油、烤蒜，所配醬汁是簡單的羅勒青醬。雖然說這道菜並不是很有特色，但是肉的脂肪含量、口感和溫度都符合我的審美；配菜的蘆筍簡簡單單，無甚可說。

只不過餐廳空調太低，吃到後面，牛肉便全部冷了，略微口感發硬。由於全程只有我們二人，因此就越發顯得空調太足。

甜品車推出來的時候，我們吃了一驚，感覺為整個餐廳準備的熱量都要輸入到我們體內了。車上共有四種甜品：檸檬芝士蛋糕、提拉米蘇、黑巧克力蛋糕及巧克力蛋糕。

我們選擇了提拉米蘇，酒味很重，甜膩度較為平衡。最出彩的卻是超大碼的拇指餅乾，以及提拉米蘇上的兩顆新鮮度極高的樹莓……

吃完甜品，肚子已經很飽，便要了一杯卡布奇諾，坐著讓缺血的大腦發會呆。Carbone 雖然走的是美式路線，但細節卻彰顯精緻。比如店內的瓷器和刀具，皆為意大利手工製作，金光閃閃，描繪精細，雖稍顯繁複，但依舊可謂養眼。

飯後廚師送了兩顆杏子，正好清清口。埋完單，準備離開，服務員走過來說，廚師做了一款新糕點，可以嚐一嚐。一看，大概是模仿意大利國旗的顏色，只不過中間的白條泛黃

了⋯⋯呃，一入口，不是曲奇，像小蛋糕，甜膩得很，連忙喝了幾口水，多謝了廚師的好意⋯⋯

這兩家意大利餐廳屬於截然不同的風格，全看食客偏好。一個城市的餐飲發達度體現在廣度和深度兩個層面，香港在兩方面都較突出。不過說到意大利菜，真要體驗地道風情，我想還是得打飛的過去。畢竟脫離了風土，一種美食的表達難以全面展開。

註

1. Carbone 部分寫於二〇一六年七月二十八日；寫作前拜訪於二〇一六年六月；Da Domenico 部分寫於二〇一九年三月；寫作前拜訪於二〇一八年十月；全文修改於二〇一九年三月。
2. 雖然蘇東坡先生著有《老饕賦》，但杜預《左傳・文公十八年》注曰「貪財為饕，貪食為餮」，愛吃之人當為老餮方對。
3. 現已搬遷，寫作本部分時尚未搬遷。
4. 這道名菜的意大利名字是 Insalata Caprese，即卡普里沙拉之意。其顏色搭配據說象徵著意大利國旗顏色。

LATIN

南美雙雄 ¹

MONO、
Andō

無論是以南美烹飪為體，法餐為用的獨特烹飪理念，還是將阿根廷、西班牙和日本飲食融於一體的創意料理，都讓食客領略到了不一樣的風土人情。

上一次出國旅遊還是在二○二○年三月，之後疫情蔓延全球，各國開始施行嚴格的入境限制措施，自此之後莫說出國，就算回內地都成了奢求。旅行不可得便只能在香港尋覓異域風味，裝作環遊世界。

一直想去南美旅行，無論是風土人情，還是物產飲食都令我神往。君不見，一些常見的食材當年都是從南美傳入的，比如馬鈴薯、玉米、沙葛（Jicama）、佛手瓜（Chayote）及各式辣椒等。南美雖因殖民之故，深受拉丁文化影響，但土著印第安文化與拉丁文化結合演變形成的南美文化有著自身鮮明的特點；南美之大，各國之間又有顯著差異，呈現出一片絢爛多姿之態。

在香港，除了常見的墨西哥菜或阿根廷牛排，其他南美飲食似乎都令人感到陌生。當年秘魯名餐廳 Central 從利馬遠道而來在 Amber 做聯手晚宴，我立刻預約前往，吃完更是對南美充滿嚮往。

不過這兩三年來，活躍在香港餐飲舞臺上的兩位南美出身的大廚為食客帶來了兩種不同的烹飪理念。一位是來自委內瑞拉，Mono 的主廚 Ricardo Chaneton；另一位是來自阿根廷，Andō 的主廚 Agustin Balbi。兩位主廚私交甚篤，但君子和而不同，各自憑著獨特的烹飪理念闖出了一片天地，因此我戲稱他倆為「南美雙雄」。

MONO

第一次品嚐 Ricardo 的菜式是在港島香格里拉酒店內的 Petrus 餐廳，彼時他是該餐廳的主廚。二〇一六年十二月，新加坡著名餐廳 Odette 主廚 Julien Royer 來港與他做聯手晚宴。當晚的細節略去不提，但 Ricardo 的一道拉麵魷魚讓我印象深刻。他用魚麵手法將魷魚製為麵條，用麵碗裝著，裡面還有溏心滷蛋、海苔和香菇，最後倒上海鮮清湯，儼然一碗日本拉麵。然一入口卻發現是法式清湯的味道，體用合一，實在是俏皮又美味。

這之後我便定期回訪，想看看他有些什麼新的菜式。他帶我去看過其在酒店天臺搭建的有機小菜園，餐廳用的很多香料和小蔬菜都來自這裡。交談中我大致瞭解了他的背景和職業履歷，也感受到他對烹飪的熱情。

Ricardo 來自委內瑞拉（Venezuela），廚藝學校畢業後他先在

首都卡拉卡斯（Caracas）的洲際酒店工作，隨後來到西班牙德尼亞（Dénia）的米其林三星餐廳 Quique Dacosta 做學徒，這是他進入世界精緻餐飲潮流的開端。

職業生涯中的關鍵一步發生在法國芒通（Menton）的名餐廳 Mirazur，Ricardo 加入時，那還只是家米其林一星餐廳；二〇一二年 Mirazur 升為二星，二〇一九年則成為法國第一家米其林三星的非法籍廚師主理餐廳。他頗受阿根廷籍主廚 Mauro Colagreco 器重，數年間做至頭廚。以前 Mirazur 從九月開始休業三個月，但二〇一六年他離開 Mirazur 前，主廚 Mauro 破天荒地在冬季保持營業，並讓 Ricardo 全權負責運營，兩人的情誼可見一斑。離開 Mirazur 後，Ricardo 來港擔任 Petrus 餐廳主廚，彼時他才二十八歲。

然而酒店法餐廳的條條框框頗多，從菜式到食材採購都有一套不可突破之規則，Ricardo 要全然發揮自己的特長可謂難於上青天。

二〇二〇年 MONO 開業，Ricardo 才得以徹底實踐自己的烹飪理念。Ricardo 的家庭血統有意大利、委內瑞拉、哥倫比亞和阿根廷基因，因此成長過程中他接觸到的文化十分多元。在職業生涯中，他又吸收了西班牙菜和法國菜的精華；在港多年，他從亞洲飲食上亦獲得不少靈感。這樣豐富多彩的文化背景無疑為他的創作提供了不可或缺的動力。

雖然他的職業生涯以法國烹飪訓練為主，但在 MONO，他好比一個衣錦還鄉的遊子，重新拾起家鄉的鍋碗瓢盆，讓南美風情通過他經過正規法餐訓練的雙手散發出不一樣的魅力，也讓 MONO 成為了香港食客窺探南美飲食的一個視窗。

MONO 的裝修有濃重的加勒比海情調，藍底白紋瓷磚鑲嵌

的牆面，斑駁多彩的地磚，再配上金屬色的吧檯，讓人彷彿來到異域世界。Ricardo 熱愛音樂，有一面牆上放著他珍藏的黑膠唱片，而店裡的環境音樂也由他主理。烹飪與音樂都關乎節奏、火候和情感，兩者其實有諸多相通之處。

從麵包開始，就可以看出多元文化的衝撞與和諧共存。餐前的酸麵包用的是南美的老麵（Masa Madre）技法，與歐洲酸種麵包（Sourdough）有異曲同工之妙。

MONO 的老麵已培養超過六百天，製作時加入紅黑白三種藜麥（Quinoa）。烤製後熱氣騰騰上桌，外殼酥脆，裡面柔軟蓬鬆，不似尋常酸種麵包那麼酸，反而透著淡淡甜味，非常美味；再配上來自加泰羅尼亞地區年產量僅九百升的 Eva Aguilera 有機阿貝金納（Arbequina）橄欖油，一口接一口，全然忘了要少吃碳水化合物。

安第斯山脈是陸地上最長的山脈，無論南北還是不同海拔間，物產都有極大的多樣性，光是我們自認熟知的馬鈴薯，就有三千多種！這種生物的多樣性孕育了豐富多彩的飲食文化。在 MONO 常能看到新奇的植物，一個個長得奇形怪狀，色彩十分豔麗，讓人彷彿在看外星生物。

例如最近吃的一道名為安第斯蔬菜沙拉（Andean Vegetables Salad）的菜式，集合了多種南美根莖蔬菜，小小一盤沙拉用了秘魯黃馬鈴薯、沙葛、佛手瓜、塊莖金蓮花（Mashua）、胭脂仙人掌（Nopal）、塊莖酢漿草（Oca）和木薯等多種植物。這些蔬菜或甜或酸或清鮮，搭配在一起讓沙拉的味覺體驗變得此起彼伏。

隨同沙拉的配菜裡有 MONO 版本的 causa。Causa 全名為

上｜老麵麵包及 Eva Aguilera 橄欖油（攝於 MONO）

下｜根莖蔬菜（攝於 MONO）

Causa limeña（利馬的 causa），是所謂地理發現前就有的一種秘魯食品。關於其名稱的含義有多種說法，較為常見的一種是 causa 來源於印加帝國官方語言克丘亞語（Quechua）的「Kawsay」，意為「必要的食物」。

早期版本的 causa 用綿軟的秘魯黃馬鈴薯製作，混入搗碎的辣椒即成。在秘魯總督轄區（Virreinato del Perú，1542-1824）時期，檸檬傳入南美。Causa 中加入檸檬汁，逐漸形成了現有的形制，此物常用來作前菜。

MONO 的版本融入了秘魯紅椒（Ají Rocoto）和卡拉瑪塔（Kalamata，希臘伯羅奔尼薩斯半島的一個城市）橄欖（此橄欖在歐盟境內有產地保護），讓 causa 的味道層次更為豐富，是一種巧妙的融合改造。

我很喜歡 Ricardo 做的鴿子配墨西哥混醬（Mole），鴿子以法式烹飪手法處理，搭配源自墨西哥的混醬，形成了全新的味覺體驗。Mole 這個詞來自納瓦特爾語（Nahuatl）的 mōlli，即醬的意思。眾所周知「咖喱」來自泰米爾語「கறி」（Kari），亦是醬的意思，因此不妨將 mole 理解為咖喱的墨西哥版本。不過清晰起見，我以墨西哥混醬稱呼之。

第一次拜訪時吃的是佈雷斯地區（Bresse）米埃哈爾（Miéral）家族養殖的鴿子，熟成五日後，上火微烤保持生嫩狀態，肝臟則製成慕斯附上，搭配煎烤後的木薯（Manioc），最後配合墨西哥混醬。混醬帶來的味覺變化，配合充滿野味的半熟鴿肉，彷彿在口腔裡進行一場大實驗，鮮甜鹹香辣各種味覺迸出，讓我印象深刻。

墨西哥混醬是這道菜的靈魂，味道層次豐富的混醬可與多種

上 ｜ 墨西哥混醬（攝於 MONO）

下 ｜ 米哈埃爾鴿子配墨西哥混醬（攝於 MONO）

食材配合，例如在 MONO，主廚亦會選用產自法國市鎮聖帕泰爾恩拉康（Saint-Paterne-Racan）的拉康鴿，再配上沙葛又是另一種體驗。而混醬與鴨肝或大西洋白姑魚（Corvina）搭配又令食客品嚐到新滋味。

坐在吧檯位可以觀看廚師製作混醬，二十一種原料在火山岩製成的研缽中被研磨攪拌，形成味道層次豐富的混醬。第一次拜訪時經理 Mauricio 給我手寫了其中用到的原料，除了食客可以嚐出的辣椒和甜椒（具體品種肯定分辨不出）、產自委內瑞拉卡魯帕諾（Carúpano）的百分之七十黑巧克力和八角之外，還有杏仁、榛子、芫荽、韓國辣椒粉、蔗糖……等等。

作為辣椒原產地的南美洲，辣椒種類之多讓人眼花繚亂，光在墨西哥混醬中就用到了向陽椒（Mirasol Chili）、安丘辣椒（Ancho Chili，即乾的波布拉諾辣椒〔Poblano Chili〕；在墨西哥，同種辣椒的乾鮮品種常有不同的名字）、秘魯黑辣椒（Panca Chili）等不同品種。

說到巧克力自然不能不提 MONO 的自製巧克力，許多餐廳都以可可豆製作巧克力，但 MONO 是從可可豆莢起步，是真正從起點開始製作。深棕色碩大的可可果是來自厄瓜多爾（Ecuador）的特立尼達種（Trinitario），該種可可得名自最初的產地特立尼達島。當地的阿拉瓦克（Arawak）原住民稱這個島嶼為「蜂鳥島」，哥倫布到達後，看島上三峰並立，遂將其改名為「三位一體」（Trinidad）。

特立尼達種屬於克里歐羅（Criollo，西班牙語意為「原始種」）和佛拉斯特羅（Forastero，意為「外來種」）的混合種。克

里歐羅單寧酸含量低，味道柔和，巧克力香氣突出，是可可中的優等生，但容易得蟲害，產量不到全球可可的百分之一；主廚的祖國委內瑞拉是該種可可的主要產地。佛拉斯特羅佔全球可可產量百分之八十，巧克力味淡，苦澀酸味較突出，但由於產量穩定，一般用來做基底。MONO 選用的混合種風味上較為平衡，產量亦更穩定。

製作巧克力，首先要將包裹著果肉的新鮮可可豆取出，放置在香蕉葉上發酵。新鮮可可豆有一層薄薄的果肉，酸酸甜甜很開胃；Ricardo 見我喜歡這個味道，有次還打包了一小袋讓我帶回家。發酵一週左右後，需要弄乾可可豆並高溫烘烤二十分鐘左右。之後剝去乾果肉，接著再次烘烤並研磨，這一過程需要兩天時間。之後就是精煉和調溫了，細滑均勻後便可以冷藏，巧克力就做好了。聽上去輕鬆，實際上費時費力，整個過程長達二十天。

有人也許會說何苦這麼大動干戈自己製作巧克力，是為了增加話題嗎？當然不是，你只要品嚐過 MONO 那美麗而又濃郁香滑的巧克力甜品，就會明白這是一個主廚和餐廳對於烹飪理念的堅持。從零開始製作符合自己心目中定義的巧克力，才能製作出符合自己理念的甜品，從而更好地表達南美的風土。這才是MONO 從頭開始製作巧克力的動機所在。

飯後一杯滾燙經過濾後的瑪黛茶（Mate Cocido）舒心暖胃，淡淡的回甘讓人覺得清爽解膩，正好搭配巧克力甜品。

瑪黛茶是阿根廷十分著名的飲品，主廚的祖父是阿根廷人，飯後最愛喝熱瑪黛茶。Ricardo 將這一飲品引入菜單，作為主菜後搭配甜品的溫熱飲料。過濾後的瑪黛茶，味道更輕，也更易為本

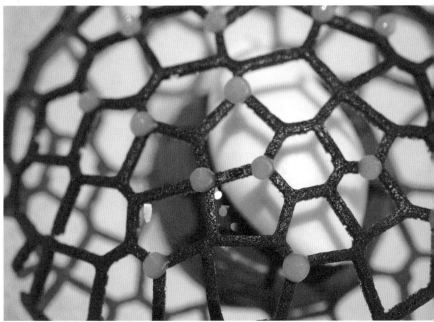

上｜可可豆菜（攝於 MONO）

下｜自製巧克力製作的甜品（攝於 MONO）

地食客接受，是我非常喜歡的一個環節。

Ricardo 十分健談且樂於分享食材知識和烹飪細節，他猶如一個南美飲食的大使，熱情洋溢地與食客分享著有趣的見聞和經歷。介紹菜式時，他會拿出許多食材讓客人觀看、觸摸和聞嗅，以增加食客的用餐融入感。一餐飯下來猶如穿越去了南美，不僅品嘗了美食，又瞭解了不少南美的物產和文化。

最近去 MONO 吃飯，收到一本他們製作的藍色配圖小冊子，裡面介紹了一些南美常見的食材、烹飪手法和飲食文化，讀來十分有趣又長知識。用餐時聽到的資訊容易遺忘，有了這本小冊子就可常看常新了。

Mono 的意思是獨一無二的，在香港餐飲版圖中，Ricardo 的貢獻在我看來確實是獨一份的存在。

Andō

二〇二二年一月，Omicron 疫情襲港，港府關停晚餐服務，之前預約和安排的聚餐飯局盡數取消。許多餐廳為了生存只能改做午餐和下午茶時段，兼做些外賣；香港舊時十分流行的到會服務也重新興盛了起來。到會是到指定地點提供外燴服務，但常被錯寫成到會，時間一久，錯誤寫法反而佔了上風。

朋友預約了 Andō 餐廳的到會邀請我參加，許久沒吃 Agustin 大廚的手藝，於是欣然前往。西餐廳廚師團隊龐大，到會時主廚未必親身出現，於是我替朋友跑去問 Agustin 是否會親自督戰，他回覆說當然，每次到會他都會親自去。

當晚到了朋友家，跑進廚房打招呼，發現不僅主廚在場，副廚 Luis 也在，經理 Julien 和侍酒師 Carlito 也已在餐桌邊忙碌。如此完整團隊的到燴讓我懸著的心放了下來，這一餐的品質想必不會有差池了。

第一次吃 Agustin 的菜是在六年前淺水灣的 The Ocean。那天打算和 W 小姐去海邊逛逛，於是預約了淺水灣附近唯一看著不錯的餐廳。當時的菜單是以啟航出海為思路編排的，揚帆、第一組浪、藍色環礁、海岸景觀、回港等等菜單章節既符合餐廳定位，又令菜單有了節奏，亦讓客人未吃即有美的意象。整餐飯下來體驗不錯，廚師思路清晰，且有一定的日本元素在裡面。

後來與 Agustin 認識了才知道他曾在東京龍吟工作六年之久。作為阿根廷人的他成長於西班牙文化的薰陶中，但卻在追求廚藝的過程中來到了遙遠的東方，這需要巨大的決心和毅力。初到日本的他語言不通、文化不同，還要在山本征治高強度的廚房裡努力學藝，可以想像多麼不易。

離開 The Ocean 後，Agustin 成為了 Haku 的主廚，這是一家由大阪米其林三星餐廳柏屋的大將松尾英明監理的融合餐廳。開業第一週他便邀請我去，菜品融入了更多日本元素，但表現形式則仍是西餐為主。店裡的魚子醬配金槍魚大腹（大トロ）韃靼（Tartare）以及海膽置於法式甜包（Brioche）上做成的撻一度成為社交網絡的熱門菜品。

二〇二〇年 Agustin 離開 Haku，與合夥人開設了一家可以真正體現自己風格的餐廳──Andō。在西班牙語裡，-ando 是一個現在進行時的詞尾，類似於英語中的 -ing，代表了一直正在進行

的狀態，傳遞出主廚希望餐廳可以不斷進化提升的理念。而在日語中あんど可解「安堵」，即寬慰、消除不安之感的意思。主廚希望自己的烹飪可以帶給客人放鬆愉悅之感。這便是 Andō 的兩層含義所在。

正如餐廳名所暗示的，Agustin 將自己的烹飪定義為西班牙與日本的融合。作為阿根廷人，Agustin 也自然而然地在菜品中融入了不少南美意象。不過阿根廷的主體文化以西班牙文化為根基，這也是主廚從小耳濡目染的烹飪基礎所在。而日本的修業經歷讓他打開了新視野，兩者巧妙而平衡地融合在一起形成了他個人風格顯著的烹飪理念。

舉凡去過西班牙的人都知道，許是因為緯度和自然風物之相近，那裡的物產與飲食偏好，其實與遠東有非常多的相似之處。無論是對豬肉、海鮮的重用，還是火腿醃肉等醃製品在調味和烹飪上的妙用，亦或對鮮味的追求，都令西班牙菜與中日烹飪顯出相通之處。因此西班牙與日本料理的融合並不突兀，神戶名店 Ca Sento 亦是這個理念的踐行者。

開業不到一年，Andō 便獲得了米其林一星，同時在食客中的口碑日隆，成為城中十分熱門的餐廳。不過開業以來疫情不斷，餐廳為配合政府防疫也是開開停停，十分不易。

若是在餐廳，落座時服務員就會奉上一套手繪明信片，上面畫的是主廚成長和學廚過程中的點滴意象。食客可以在吃完整餐飯後來確定每張圖對應的是哪道菜，是十分有新意的小點子。可惜到燴時沒有這套明信片。

另一樣在到燴時缺席的東西是 Andō 招牌式的刺身拼盤。

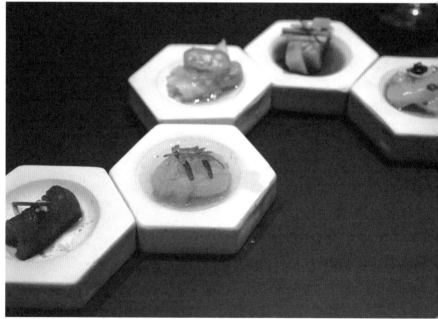

上｜明信片（攝於 Andō）

下｜刺身拼盤（攝於 Andō）

如果在餐廳吃，五種刺身放在五個五邊形的小盤裡，錯落有致，如蜂巢般呈現在客人面前。Agustin 將這道菜取名為「啟程」（Partir），表達了他初到日本時，對日本的最初印象。不過每種刺身都有各自的調味，在味覺體驗上並不全然是日本風情。主廚充分利用秘魯酸汁（Leche de Tigre，直譯為老虎奶，民間傳說這種酸汁可令男性的房中表現如虎般生猛，故而得名）、淡味的南美辣椒油、橄欖油、果醋、鹽和醋橘（酢橘）汁等調料，令看似熟悉的刺身呈現出截然不同的味道。

其他菜品則與在餐廳吃到的幾乎一致。開胃小菜三道，一是章魚沙拉配番茄、歐芹及橄欖油，其中點綴著一些剁辣椒油（Harrisa，是一種發源自西北非的剁辣椒醬，該詞源自阿拉伯語，意為剁碎），鹹鮮中帶有淡淡辣味，非常開胃。一是西班牙曼切戈（Manchego）奶油及黑松露配脆片。一是土豆濃湯，但不同於一般西式濃湯，主廚在裡面加了韭菜、蔥油和日本海苔，非常清鮮。

當晚的幾道前菜都令人滿意，主材以海鮮為主，從日本松葉蟹，到日本甜蝦、大蛤蜊及海鱸魚，體現出冬季富饒的物產，調味上則以清鮮平衡為主基調，令食客慢慢進入狀態。

以檸汁醃魚生（Ceviche）概念製作的日本甜蝦與大蛤蜊肉，淡淡酸味中透露出清甜味道。接著上桌的松葉蟹配合少許牛油果，被輕盈的琥珀色日本香橙出汁啫喱包裹著，既香且鮮，最後點綴著的魚子醬強調了鹹鮮的基調。而煎烤過的海鱸魚，浸潤在混有西班牙火腿的番茄湯中，不禁讓人想到傳統蒸魚，真是鮮上加鮮。

當晚主菜是乾式熟成的阿根廷海福特牛肉（Hereford），以蘋果木、櫻桃木及橡木煙熏炭烤，配上時令的日本山野菜和少許黑松露，牛肉香氣糾纏著松露的氣息，還未落刀已十分期待。山野菜的清新回甘，既增加了這道菜的色彩，亦起到了平衡解膩之效。這道菜在餐廳一般叫做「花園的笑聲」，主廚以此紀念在阿根廷與家人一同燒烤的好時光。此菜有多個變本，選用的牛肉有時是日本和牛，有時則是熟成的阿根廷海福特牛，而搭配的醬汁及蔬菜亦根據季節和菜單設置有所不同。

Haku 時期的 Agustin 已初露鋒芒，但我始終覺得彼時的他未能將自己的潛能全面釋放出來。

直到他將一道來自其祖母的高湯燴飯（Caldoso）放在我面前，我才覺得他找到了後續的正確方向。後來 Andō 開業，這道燴飯還一直在菜單上，並取名做「沒有羅拉」（Sin Lola）。

羅拉是主廚的祖母，她為年少的 Agustin 製作了許多美味食物，亦在他幼小的心裡埋下了學廚的種子。「沒有羅拉」是一道將他對祖母的回憶和愛都燉煮進去的主食，這種無形的精神寄託令菜品本身煥發出味覺以外的魅力。當然撇開一切，只說味道，這燴飯亦是味純鮮美，令人一吃難忘；隨著季節輪轉，燴飯搭配的食材亦不同，而主廚在調味時也有不同的側重。這是一道西班牙的味覺與日本的四季食材輪轉相結合的美味菜品，亦反映出 Agustin 兩段交織不可分的學廚背景。

當晚，去過 Andō 的客人都期待高湯燴飯，沒去過的客人自然也好奇這道菜究竟能多美味。燴飯一上桌，大家就被香氣吸引，及至入口，靜默無言，只想再添一碗。當日的版本是藍龍蝦

上｜乾式熟成阿根廷牛肉、日本野菜及黑松露（攝於 Andō 到燴）

下｜高湯燴飯（攝於 Andō）

配齊斯托拉香腸（Chistorra，產自阿拉貢的一種香腸，為 chorizo 的地方變種），湯內點綴有少許歐芹。淡淡的辣味配上鮮美的湯汁，家常溫暖，令人一吃難忘。

二〇一九年我飼養的寵物兔去世當日，心情低落，但預約了 Haku，還是如約前往。Agustin 得知我心情不好，就給了我整整一鍋燴飯獨享。美味的燴飯落肚，心情似乎也漸漸釋然了，也許這就是 Andō 所說的「安堵」之意吧。

不得不提一下 Andō 的甜品師 Joanna。她的甜品將西式甜點與和菓子結合在一起，外觀雅致，內裡又是另一種體驗。當日我們的甜品以碧根果（Pecan Nut）果仁糖和意大利蛋白酥為主料，甜度適中，令人愉悅。

兩位遠道而來的年輕主廚將平生所學融入到烹飪中，為香港餐飲版圖填補上了缺失的一筆。無論是 Ricardo 南美烹飪為體，法餐為用的獨特烹飪理念，還是 Agustin 將阿根廷、西班牙和日本飲食融於一體的創意料理，都讓食客領略到了不一樣的風土人情。

即便現在的 MONO 和 Andō 不可說完美無缺，但從起步開始，這兩個餐廳就步伐穩健、目標清晰，我十分期待它們未來的發展。而兩位主廚確乎是當之無愧的香港「南美雙雄」！

註

1. 寫於二〇二二年一至二月，基於多次拜訪。

天涯若比鄰 [1]

Caprice、
L'Envol、
Estro、
Neighborhood

香港的餐飲版圖十分國際化，今日法國菜，明天意大利，繼而西班牙，忽又去了北歐，可以時常假裝自己飛去了歐洲。

　　以前在中環上班，中午有時會吃太平館的咖喱牛舌和瑞士雞翼。太平館是所謂中式西餐的開拓者和代表餐廳，口味上讓人覺得親切。中式西餐又名「豉油西餐」，即是在西餐烹飪基礎上加入中餐元素，使菜品更符合華人口味。早年廣州是滿清唯一通商口岸，西風東漸，吃西餐也成了一時風尚。但多數滿清官員和洋行買辦都有點葉公好龍的意思，純正西餐吃不慣，保留西餐儀制，口味上又融合中餐的豉油西餐就誕生了。一八六〇年曾任洋行西廚的徐老高於廣州南關太平沙開設太平館，這是當時華人一嚐異域風味的新鮮去處。一九三八年首家香港分店開業，從此太平館便在香港扎根。

香港開埠早期，華洋雖雜處，卻有顯著的種族隔閡。至二十世紀初各族群逐步融合；隨著六十年代香港轉口貿易和第二產業的發展，經濟騰飛，世界各地來此淘金者日多，國際大都市的氣質逐漸形成。顯然中式西餐已無法滿足在此生活的外國食客，香港的西餐也迎來了一波大發展。時至今日，香港有大量外國人口居住和工作，西餐蓬勃發展，在香港可找到各國主流料理，想在飲食上領略歐陸風情不算難事。

Caprice

香港雖被英國殖民百餘年，但畢竟遠離法餐的發展中心。雖不乏吉地士這樣的老牌法餐廳，也有 Felix 這樣很早就躋身「世界 50 最佳餐廳」榜單的餐廳（2002-2005）；但畢竟沒有可以引領風騷的現代法餐廳。

二〇〇六年前後，大概是聽聞《米其林指南》即將進入港澳的風聲，各路名廚紛紛在香港開設餐廳，Pierre Gagnaire（1950- ）、Joël Robuchon 及 Alain Ducasse（1956- ）等等為香港法餐帶來了新面貌，這一批早年新法餐運動的領軍人物為香港的法餐市場樹立了新的標準，食客的眼界和品味亦顯著提升。這對於後續香港法餐的發展具有重要意義。

想當年，四季酒店可謂一時無兩，二〇〇八年底發佈的第一本港澳《米其林指南》中，龍景軒成為了全球第一家，也是當時唯一的三星中餐廳。而法餐廳 Caprice 則在開張大廚 Vincent Thierry 的帶領下獲得二星。第二年公佈的二〇一〇年指南中，

Caprice 升為三星，當年全港僅有的兩家三星餐廳皆在四季酒店。

來到香港四季酒店後，Vincent Thierry 帶來的是當代法國菜的新理念新技巧，這在十多年前的香港是令人耳目一新的做派。可惜吾輩生也晚矣，未能品嚐到 Vincent Thierry 大廚的菜品。二〇一三年，Vincent Thierry 離開了自己一手創立的 Caprice，去了曼谷。現在要吃到他的菜，只能去曼谷的 Chef's Table 了。

而失去奠基主廚的 Caprice 也應聲跌下神壇……當年年底布里昂松（Briançon）出生的大廚 Fabrice Vulin 臨危受命，然而從此之後 Caprice 便一直維持在二星。

通常一間餐廳更換主廚或廚師團隊大換血，便有極大的降星可能。要討論 Caprice，便不能繞過創店元勳 Vincent Thierry。他當年是巴黎喬治五世四季酒店（Four Seasons Hotel George V）中米其林三星餐廳 Le Cinq（2003-2007，2016 至今）的副廚。Vincent Thierry 協助當時 Le Cinq 的主廚 Philippe Legendre，用短短三年時間便拿到米其林三星，功不可沒。

說起 Le Cinq 還要插一句，二〇〇八年 Philippe Legendre 離開 Le Cinq，餐廳跌為二星。名廚 Eric Briffard 接棒，但直到二〇一四年 Eric 離職，Le Cinq 都未能贏回失去的那顆星。二〇一四年底 Ledoyen 餐廳原主廚 Christian Le Squer 接班，一年之後 Le Cinq 重回三星梯隊。這故事與 Caprice 的星運真有不謀而合之處。

風水輪流轉，在二〇一四年《米其林指南》中跌回二星的 Caprice，在二〇一九年終於在新主廚 Guillaume Galliot（1981- ）的帶領下重回三星。我在 Fabrice Vulin 時期去過好幾次 Caprice，一直不甚滿意，有很長一段時間沒有回訪。聽聞 Guillaume 前來擔

任新主廚自然非常期待，因為早在澳門御膳房（Tasting Room，已結業）時我便品嚐過他的手藝，印象非常深刻。

Guillaume Galliot 出生於法國中西部的圖爾（Tours），據說他從小就喜歡烹飪，十幾歲就立志要成為一名大廚。他先在圖爾著名餐廳 Charles Barrier 修業，後來去到蒙彼利埃（Montpellier）由著名的雙胞胎名廚 Jacques 及 Laurent Pourcel 主理的米其林三星餐廳（1998-2006）感官花園（Le Jardin des Sens）工作。有許多活躍在當今廚壇的名廚都在這個餐廳修業過，比如江振誠（Restaurant André，已結業；Raw）及 René Redzepi（Noma）等。之後 Guillaume 開始遠赴海外，最終落腳亞洲，從新加坡到北京，再到澳門，如今又扎根香港，大中華區可說是他的第二故鄉。據說他還會對話水平的普通話呢，下次拜訪時打算試探一下。

在法餐紛紛融入亞洲烹飪理念，尤其在名廚 Joël Robuchon 受日本板前割烹及鐵板燒的啟發，設立 L'Atelier de Joël Robuchon 後，開放式廚房、吧檯座位等形式已成為很多新派法餐的常見套路。Caprice 的廚房亦是開放式的，但其主要用餐區域仍是優雅的桌椅風格。Guillaume 主理後 Caprice 在環境和裝潢上沒有太多變化，他帶來的更多是菜品風格的轉變。他接手後我拜訪了幾次，Caprice 風格變得更為穩健，水準亦有顯著提升。

Guillaume 剛接手 Caprice 時我就拜訪了，一份長長的餐單中有好幾道菜讓人印象深刻。比如烤日本墨魚十分美味，侍應在桌邊展示烤好的墨魚並進行切分裝盤。隨後搭配上番茄甜醬（Tomato Marmalade）及香檳汁，墨魚烤製到位，肉質細嫩有彈性，醬汁搭配得平衡。

Guillaume 對於醬汁的準確把握是 Caprice 出品提升的關鍵。法餐注重醬汁，自 Antonin Careme（1784-1833）劃定的四種母醬開始，對醬汁把握的水平決定了法國菜烹飪的水準。香檳汁的底子是以魚肉為基礎製成的白醬（Velouté），用來搭配海鮮非常清爽提味。

香檳汁的另一個妙用體現在馬鈴薯蓉配魚子醬上，這個菜的組成非常簡單，馬鈴薯蓉和魚子醬是純粹的主角，醬汁是關鍵配角。對於複雜菜式，有眾多因素去調節出品效果，但對於原料相對少的菜式，烹飪的準確度就成了關鍵。魚子醬的鹹鮮，馬鈴薯蓉的鮮甜，以及香檳汁的酒香與醇厚感三者相得益彰，少許蔥花更讓味道邊緣有了更精準的提升。

正如我之前說的，大中華區可謂 Guillaume 的第二故鄉，在烹飪中他不可避免地會運用一些亞洲元素，但這種融合是經過深思熟慮而相對保守的。海螯蝦伴芹菜頭配青檸 X.O. 醬便是這類融合的極好體現。海螯蝦煎製到位，配上清新中有淡淡辣味的 X.O. 醬，提升了蝦的鮮甜亦豐富了菜品的層次感。

我非常喜歡 Guillaume 的調味風格，法餐與中餐在調味審美上大相徑庭，許多香港的法餐廳都會根據本地食客的口味進行調整，但 Caprice 還是維持了法餐的基礎味覺審美。比如野兔栗子濃湯的鹹度和濃度便非常標準，按照中餐標準這道菜顯然是偏鹹，但舉凡去過歐洲吃喝的食客都會覺得親切，這種鹹度是提升味覺體驗純正感的關鍵因素。

另一道我印象深刻的菜式是 Lur Saluces 風格處理的比爾戈家族（Maison Burgaud）出品的鴨肉。比爾戈家族據說在宰殺鴨子

上｜魚子醬配馬鈴薯蓉香檳汁（攝於 Caprice）

下｜野兔栗子濃湯伴松露配法國藍芝士多士（攝於 Caprice）

上｜香烤法國鴨胸伴特色藏紅花胡蘿蔔（攝於 Caprice）

下｜烤日本魷魚（攝於 Caprice）

前會使其休眠，以減少血液的流失，令鴨肉味道更為濃郁。Lur Saluces 家族自一七八五年來就掌管波爾多著名的甜酒莊園滴金酒莊（Château d'Yquem），美食配美酒，Guillaume 研發這道菜的時候心裡想的便是搭配滴金甜酒。鴨子經過烤製後配上一層酒莊附近生產的蜂蜜，再搭配上與藏紅花同煮的胡蘿蔔。鴨皮的淡淡甜味與鴨肉的野味相映襯，配上一口滴金，是非常美味的組合。

　　雖然在 Caprice 仍可以吃到當年御膳房的招牌甜品香蕉巧克力伴榛子杏仁脆餅配可可雪葩，但不同餐廳有不同定位，Caprice 的風格不同於御膳房，前者偏傳統，後者則更為融合；而且 Caprice 餐廳規模較大，因此主廚不盯場的情況下，仍有可能遇到發揮不穩的時候。不過總體而言，Guillaume 接手後的 Caprice 有了長足的提升，希望後續可以吃到更多驚喜菜式。

L'Envol

　　從 Seasons 開始，我對 Olivier Elzer（1979- ）的烹飪風格就印象良好。後來 Seasons 結業，他來到新開的瑞吉酒店（St. Regis）創建新派法餐廳 L'Envol，我很快就成了擁躉。Envol 在法語裡是航班的意思，象徵著一場美妙的法餐體驗從這裡起飛。L'Envol 的室內裝修不同於 Olivier 之前就職的 L'Atelier de Joël Robuchon，後者以紅黑二色為基調，燈光也調得非常暗，L'Envol 則在空間上給人通透的透視感。室內設計由香港著名設計師傅厚民（André Fu）負責，整個設計格調與 Olivier 為 L'Envol 設計的菜品風格非常合拍。

若是去吃午餐，自然光從落地窗射入，穹頂閃亮的水晶吊燈發著幽光，配合著牆面的優雅雲石裝飾，令整個用餐空間有一種歡愉明亮的質感，心情自然就好了起來。

　　Olivier 出生於德國的科布倫茨（Koblenz），成長於法國阿爾薩斯（Alsace）。從烏什河畔拉比西耶爾（La Bussière-sur-Ouche）的 Abbaye de La Bussière 到香港的 Pierre（已結業），再到 L'Atelier de Joël Robuchon，他積累了豐富的烹飪經驗。然而他的菜式並不傳統，可以說他一直在挑戰自己，無論是融入亞洲風味，還是在傳統框架內作出創新，都是為了更好地表達自己的烹飪理念。

　　如前文所說，法餐與中餐的審美旨趣差異頗大，在香港經營的法餐廳多數都會做出一些本土化的調整。如何保留法餐自身的特點，又讓亞洲食客易於接受是一個永恆的課題，任何一邊倒的做法都會影響整體出品效果。L'Envol 的菜式相較傳統法餐更為輕盈，對醬汁運用較為克制，同時不介意運用亞洲食材和技法，總體給人清爽的感覺。

　　比如前菜海膽盒用的是北海道馬糞海膽，底下鋪著生紅蝦肉和香脆小茴香；調味上以檸檬汁和橄欖油為底，上面撒以清香的小蔥和少許乾辣椒碎。將歐日兩種食材巧妙結合，口感順滑，鮮味突出。這是框架之內的食材融合範例。這道菜的另一個變版是將海膽換為「北歐之家」（La Maison Nordique）出品的俄羅斯鱘（Russian Sturgeon）帝王魚子醬（Oscietra Imperial）。海膽的鮮甜變為魚子醬的鹹鮮，但蝦肉的甜味可以稀釋魚子醬的鹹味，兩者搭配竟然也是和諧的。

　　說道亞洲烹飪的影響，有一道海鱸魚菜式綜合運用了日本料

理中的活締（活け締め）手法來破壞魚的中樞神經以阻止屍僵，保持魚肉的鮮活。搭配的醬汁則是一種咖喱概念的混合香料，辣味溫和適中，孜然香氣突出，非常具有南亞風情；配菜上用了日本常見的山藥豆（零余子），但放在法餐框架下似也無甚違和。

最近 Olivier 主理的新餐廳 Clarence 開幕，我還未拜訪，據說行的是炭燒法餐（Yaki-Frenchie）的概念，將日本爐端燒與法式燒烤結合，其對亞洲元素的熱愛可見一斑。

Olivier 對於菜品細節的把握十分到位，一些小菜中容易被人忽略的細節其實決定了一整個菜的味覺呈現。以開業初期的招牌前菜布列塔尼（Brittany）蟶子為例。蟶子以白酒、乾蔥、百里香和迷迭香來烹煮，然後加入橄欖油與檸檬汁，最後收濃汁水。手法上即是常用來處理青口貝的「水手風格」（À La Marinière）。看似與主題無關的魚子醬其實是起到銜接兩層味覺的關鍵食材，上方是新鮮的「北歐之家」的索洛涅（Sologne）帝王魚子醬（Impérial Caviar）；蟶子下方則是魚子壓醬（Pressed Caviar）製作的魚子醬奶油醬汁。蟶子的爽脆與濃郁香氣，混合檸檬汁的淡淡酸味，最後在魚子醬的鹹鮮和魚子醬奶油醬汁的奶香下收尾，是非常開胃的小菜。

魚子壓醬是將魚子醬用超過百分之五的鹽醃製後，壓製成條狀或片狀。雖然在第二次世界大戰後魚子壓醬一度流行過，但如今製作這種魚子醬的廠商並不多，Olivier 據說是香港第一個使用魚子壓醬的主廚。從實踐而言，魚子壓醬確實起到了有趣的作用。

L'Envol 的芝士車亦是坊間好評如潮的，各式芝士與蜂蜜、蜜餞或白巧克力及脆片麵包搭配，是主菜後不可跳過的一環。我一

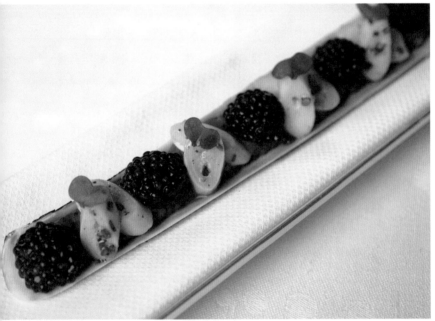

上｜北海道馬糞海膽下鋪著紅蝦肉和小茴香（攝於 L'Envol）

下｜布列塔尼鯉子及北歐之家魚子壓醬（攝於 L'Envol）

般會要求各種芝士都品嚐一些，以對比口感和味道。畢竟不理解法國人對於芝士的熱情就無法真正瞭解法國菜。

香港第五波疫情尚未爆發前，與幾位朋友一起在 L'Envol 享受了一個長達五小時的午餐。那種時光悠然、歲月靜好的感覺是這幾年難得的體驗。從正午暖洋洋的太陽中開始，到黃昏夕陽的霞光中結束，美食配美酒也算是疫情苦悶中一點小樂子了。不知何時能重溫與友人無憂無慮的聚餐呢？

Estro

很久前就聽聞 8 ½ Otto e Mezzo Bombana 澳門分店主廚 Antimo Maria Merone（1981-）有自己的烹飪風格，手藝值得一試。可惜每次去澳門都行色匆匆，一直未能成行。至二〇二〇年疫情蔓延，聽聞 Antimo 師傅滯留香港，可以接受到會預約，於是和朋友組織了一次晚餐。

在備菜時，他發給我一盆新鮮取出的三文魚籽照片，說正在為我們的晚餐醃製魚籽，我心想這魚籽難道是用在意大利燉飯上？到上桌時才發現原來魚籽是與貝殼粉（Cavatelli）相配，以鯷魚露（Colatura di Alici）提鮮，搭配上茄子，香濃美味。其他菜式亦都展現出他簡潔有力的烹飪風格，一行友人都吃得非常開心。

去年他告訴我正在籌備新餐廳 Estro，名字在意大利語裡是靈感的意思。餐廳一開幕我便拜訪了，初次拜訪，Estro 的室內設計讓我眼前一亮。依然是傅厚民的作品，門口看似粗糙的水泥走廊，模擬的是遍佈主廚家鄉那不勒斯的小巷。正門牆面上的嵌

花顯示出精緻優雅，與走廊的樸素形成對比，暗示著裡面有一個雅致的空間。從正門到接待處都以灰綠色為主基調，顯出沉穩低調的做派。推開第二道門進入用餐區域，大色塊的橘色和酒紅色牆面給人直觀的視覺衝擊。吊頂設計及牆面曲線的空間切割給人一種撲面而來的意大利風情，猶如一座優雅莊園裡的會客室，讓人瞬間從喧囂的中環穿越到了地中海邊。

落座後，發現桌上有幾枚模仿古羅馬金幣的小圓片，掂起一看原來是二維碼菜單，用手機掃描即可查看。潤物細無聲，從推開餐廳第一道門開始，Estro 的用餐體驗已然拉開了序幕。

Antimo 來自位於那不勒斯（Napoli）的海濱城市波佐利（Pozzuoli）。當地人熱愛美食，善用海鮮，對於茄子和番茄的運用頗有心得；在意麵的選擇上他們常用乾意麵。在後續的數次拜訪中，這些烹飪特點在他的菜式裡表露無疑。但顯然 Antimo 做的不是復原傳統，比如他不會在 Estro 製作瑪格麗塔披薩（Margherita），他的烹飪理念是在尊重自己味覺傳統的基礎上，將其合理昇華。

剛開業時有道前菜叫做番茄讚歌（Tomato Homage），三個組成部分的主材料都是來自那不勒斯的番茄，但展現形式上是抽象而現代的。無論是模擬生肉片（Carpaccio）做法的生番茄片，還是番茄撻，亦或番茄海綿蛋糕，都是以解構的方式來凸顯番茄這一食材在那不勒斯料理中的重要性。生番茄片的甜潤，番茄撻的爽口，以及海綿蛋糕的清香將番茄的不同特質分別呈現，吃完後我會心一笑。

他有道菜式叫做灰爐中的鴿子，製作方法上近似蘇浙名菜

上｜灰燼中的鴿子（攝於 Estro）

下｜海螯蝦、刺山柑配扁桃仁醬汁（攝於 Estro）

叫花雞。鴿子以烤過的朝鮮薊及無花果葉包裹，之後用黏土封好，放入高溫的灰燼中烤製。他坦言這道菜的做法是紀念毀於維蘇威（Vesuvio）火山爆發的龐貝古城，是一種對古羅馬傳統的致敬。

他邊講解邊將黏土敲開，層層剝開，烹製好的鴿子顯露在我們面前。這與烤製到全熟的叫花雞不同，這道鴿子的肉質依然保持粉嫩多汁，再配以烤製過的朝鮮薊，整道菜風味濃郁，鮮味突出。

Antimo 做的海鮮菜式在保持顯著的意大利風情的同時，又融入了不少自己的創意。比如前菜中的紅蝦配意大利奶凍，以檸檬汁調味，上面鋪一層魚子醬，鮮甜濃郁。雖不是什麼獨創搭配，但調味平衡，層次感分明。類似做法的還有肥美的野生鰤魚，不過配料根據魚肉的味道做出了調整，將檸檬換為橘子，奶凍中加入了小茴香。

海螯蝦是 Antimo 很愛用的食材，這一食材本身鮮美，切忌調味過度和料理過熟。Estro 開幕之初有一道以減法取勝的海螯蝦菜式。蝦肉簡單煎製後，搭配西西里扁桃仁（Sicilian Almond）汁，再以鰻魚露及潘泰萊里亞（Pantelleria）刺山柑（Caper）提味，既凸顯出蝦肉的鮮嫩多汁，又不會喧賓奪主。

最近吃到一道非常有趣的魷魚菜式，用的是日本產的萊氏擬烏賊（障泥烏賊），剞花刀後微煎，配上扁桃仁、杏仁（Apricot Kernel）、蕪菁，以及烏賊墨汁製成的醬汁。爽口清鮮的烏賊透著一股淡淡的杏仁香味，而濃郁的烏賊墨汁點綴其中，讓菜品味道的結構感更為平衡。

我向來覺得歐洲菜中，南歐料理最接近中國口味，意大利菜既是其中的代表，也是最有影響力的一支，連法國菜追溯源頭亦要回到意大利菜。無論是披薩餅還是形狀各異搭配不同的意麵，亦或美味燉飯還是各式冷肉，意大利菜為世界美食提供了太多親民而又變化繁多的菜品。然而，一旦變為精緻料理，意大利菜經常處於尷尬境地中，太過細緻擺盤就容易失去意大利味道，太過傳統又無法呈現出精緻感。如何將需要表達的元素合理而有趣地結合在一起是現代派意大利餐廳面臨的問題。

　　Estro 的一道紐扣意麵（Buttons）算是一份令人滿意的答卷。紐扣意麵不少見，但將意大利南部名菜焗烤千層茄子（Parmigiana）放入紐扣意麵中，我還是第一次吃到。小巧勁道的紐扣裡裝的，是與帕瑪森芝士及番茄醬一同焗烤過的茄子片、汁水和新鮮羅勒。調味上則搭配維蘇威番茄、洋蔥及羅勒熬製的番茄濃汁。一口吃進去鮮美的汁水爆出，迅速佔據整個口腔，而紐扣表面的番茄濃汁讓整個味覺體驗的飽和度更高，整個人都淪陷在茄子芝士與番茄營造的鮮美世界中。

　　在意麵上，Antimo 是一個高手。每次拜訪 Estro 我最期待的都是他烹調的意麵。除了上面提到的焗烤千層茄子紐扣意麵，另一個冬季出品的綠色紐扣也讓我印象深刻，裡面裝的是小蕪菁、鰻魚汁水，綠色的醬汁由蕪菁和蕪菁葉製成。相較於濃郁香甜的焗烤茄子紐扣，這個綠紐扣有一種淡泊名利與世無爭之感，淡淡鮮味中透著回甘，並不是一個討喜的味道，但我卻非常喜歡。

　　有時候在 Antimo 的意麵中，既可感受到調味的精準，又能吃出一種市井的感動。比如人氣很高的烏賊墨汁玉棋

（Gnocchi），配上切成丁的烏賊及香軟的甜豆，甜豆之外添加了一點點辣椒粉，在鹹鮮微甜之後添加了一記尾韻。這道菜上桌時溫度恰好，吃進去暖胃暖心，竟讓我在意大利餐廳吃出了鑊氣。

相較於許多少年就入行的廚師，Antimo 可謂大器晚成。從小吃著祖母的美味料理長大的他，中學開始就對烹飪產生興趣，但他大學時還是遵照家庭意願學了金融。不過他最後還是和家裡人攤牌，自己實在對金融沒有興趣。二〇〇五年身無分文的他拿起背包飛去了柏林，在那裡找到了一間意大利餐廳的工作機會。

母親看他如此熱愛烹飪便要求他去系統性學習，二〇一一年，已經工作了幾年的 Antimo 回到意大利系統性地學習烹飪。這期間他在拉莫拉（La Morra）一家星級餐廳實習，主廚 Massimo Camia 將 Antimo 推薦給了在港多年的名廚 Umberto Bombana，不過對方並沒有給出回應。於是 Massimo 又將他推薦給了 Philippe Léveillé，後者恰好要在香港開設 Miramonti L'altro 的分店，於是機緣巧合下，Antimo 來到了香港。初來香港的他要學習如何管理廚房團隊和獨立運營一間餐廳，雖然遇到不少挫折，不過他為 L'altro 香港店拿到了米其林一星。命運常有峰迴路轉時，二〇一四年，拒絕過他的 Bombana 向他投來了橄欖枝，Antimo 成為了 Bombana 澳門的主廚。

可以看出他不是個安於現狀的人，對於職業生涯中的各種挑戰他都欣然接受。在烹飪上他也不是一個以討巧手法去贏得食客青睞的投機分子。他一直在嘗試新的烹飪點子，比如最近他在廚房裡開設了主廚餐桌，希望能夠在裡面烹製一些實驗性菜式。上次在主廚餐桌上吃到一道非常有趣的意大利直麵（Spaghetti），不

上｜綠色紐扣意麵（攝於 Estro）

下｜意大利直麵配朝鮮薊（攝於 Estro）

同於各類肉醬或芝士或番茄等調味的濃郁意麵，這道意麵從頭到尾用的都是朝鮮薊。通常朝鮮薊給人一種寡淡的印象，但這道意麵中的朝鮮薊以脆片、粉末及烤製三種方式呈現，主要突出口感上的層次。調味上則由朝鮮薊自身及鯷魚露體現，味覺上這道意麵雲淡風輕，但口感上層次豐富，無論是意麵本身還是三種形態的朝鮮薊，都給人不同的口感體驗。單一食材與意麵的搭配非常有趣，值得做進一步的拓展與實驗。

Estro 的甜品也值得寫上幾句，雖是一餐飯的收尾部分，但甜品如果洩氣了，會影響整餐飯的體驗。這裡的開心果意大利冰淇淋濃郁稠厚，甜味適度，香氣突出。

而致敬費列羅金莎巧克力（Ferrero Rocher）的甜品在原來的概念上進行了細緻的解構和重組，榛果與巧克力的比例，以及薄脆的結構和口感都更為細緻平衡。我從小就不愛吃金莎巧克力，但 Estro 的版本卻一吃難忘。

一般餐廳新開的時候總不會達到最佳狀態，因此在開業三至六個月後拜訪是比較安全的選擇。然而，初次拜訪 Estro 我便覺得完整度非常高，菜品美味自不用說，從環境到服務和用餐節奏都可以說早已有所考量和訓練。這也是我之後每月必訪的原因——我想看 Antimo 在烹飪上的新創作，也想在這優雅懷舊的環境中舒服地與友人共享一餐意大利佳餚，兩者是相輔相成的。

一家精緻餐廳往往有自己的演化路徑，隨著主廚閱歷的增加，烹飪理念的演進，餐廳本身也會發生變化。未來又會有什麼樣的「Estro」（靈感）擊中 Antimo，令他為客人帶來更多驚喜呢？答案就交給時間來揭曉吧。

Neighborhood

從中環荷李活道下卑利街，轉入狹小的文興里，就會看到一間小餐廳名喚 Neighborhood。你說它是法式小酒館（Bistro）、西班牙小份菜吧亦或意大利餐廳統統都不合適，因為它自成一格，不接受任何嚴格的定義。這裡的菜式不受菜系羈絆，卻有章法可尋；食材按季節輪轉，有趣的新菜不斷；每次與三五好友同去，都吃得心滿意足。而它背後的主理人是一位功底扎實、善於思考、味覺敏銳，對美食充滿熱情的大廚——黎子安。

正如餐廳名 Neighborhood 所暗示的，這是一家隱於「街坊」的小店。在討論菜品前，不得不先介紹一下主理人黎子安師傅，大家都習慣叫他 David。Neighborhood 是一家主廚個性突出的餐廳，沒有 David 這個靈魂人物，餐廳本身也必然失去靈魂。

每次見到 David 都是一身休閒打扮，若要給他畫幅漫畫像，我想黑框眼鏡和白 T 恤是不可或缺的兩大元素。他看著靦腆寡言，實則思維敏捷。不過喝上幾口酒才容易進入聊天狀態，有時在 Neighborhood 吃飯，忙完準備工作的他也會過來和我們喝點酒聊會天。你會發現他知識淵博，關注著世界各方面的新變化，對很多新聞議題潮流話題都有自己的思考和見解。他說起話來不急不忙，給人一種深思熟慮的穩重感。

有次去天香樓吃飯，大家喝上酒聊起天就忽視了湯碗中尚餘幾粒杭州魚圓。David 很愛這蓬鬆軟滑鮮美的魚圓，靜靜在旁享用，完全不顧周遭的喧鬧。這細節讓我覺得他對美食的熱愛與尊

重是發自內心而無功利心的。

　　九歲隨家人移民去美國的 David，畢業於加州大學伯克利分校（University of California, Berkeley），學藝術的他讀書時就熱愛美食，還沒上大學就開始在餐廳打工；大學畢業後索性做起了全職廚師，在舊金山麗思卡爾頓酒店的 Dining Room Restaurant 工作時，他深受主廚 Sylvain Portay（1961- ）影響，並系統性學習了法式烹飪。Sylvain Portay 師從名廚 Alain Ducasse，因此 David 可說是 Ducasse 的再傳弟子。二〇〇三年，香港洲際酒店與 Ducasse 合作開設 Spoon by Alain Ducasse（已結業），David 便回流香港，開始了自己嶄新的職業生涯。

　　後面的故事大家都知道，在積累了足夠的經驗後他開設了幾間自己的餐廳，比如 On Lot 10、Bistronomique 及 Fish School 等，都取得了不錯的反響。當年搬來香港未久的我就拜訪過 Bistronomique，還寫過一篇短評，這是題外話了。不過二〇一四年底開業的 Neighborhood 才是真正體現他烹飪理念的一家餐廳，也是目前他旗下唯一一間餐廳。

　　David 的這些特質非常清晰地反映在 Neighborhood 的菜式中。

　　這裡的菜品自然而不造作。「自然」二字在我看來是巧心思和笨功夫的結合，比如花費時間和精力去搜羅各地優質食材，苦思冥想反覆試驗各類搭配組合，用精準的烹飪去處理食材，至於其他步驟則大可做減法。我向來不反感可以提升用餐體驗的擺盤設計，但大道至簡，許多餐廳往往加法做過了頭給人矯揉造作之感。在此處絕對不會有多餘的擺盤，食物經過烹飪以最簡單卻不簡陋的形式上桌。

上 ｜ 煙熏金目鯛魚頭（攝於 Neighborhood）

下 ｜ 鹽焗走地雞羊肚菌焗飯（攝於 Neighborhood）

比如煙熏金目鯛魚頭，餐盤上就一個赤裸裸的大魚頭，還有些粗鹽顆粒，再無他物。魚頭本身的香氣和豔麗色彩已經吸引食客的注意。一旦開始品嚐，魚肉的鮮潤香滑從味覺、口感和嗅覺三方面帶來刺激，無須講究擺盤便已攻下一城。

David 熱愛海鮮，尤其對魚類有深入的研究，香港各個時節有什麼好魚，他比很多中餐廚師都熟悉，畢竟當年他還主理過專攻海鮮的 Fish School。每次來 Neighborhood 都可吃到令人眼前一亮的魚類菜式。當然此處的眼前一亮不是說擺盤，而是味道本身。同樣是煙熏，本地小鯖魚經過煙熏後，色澤金黃，香氣撲鼻，肉質細嫩有回甘，有一種清雅的質感。

Neighborhood 的菜式基本都是分享式的，一則愜意休閒的小餐館本身就是三五好友相聚的地方，分享是題中之義。二來廚房太小，沒有空間準備二三十個客人的分餐。比如鮮美的牛肝菌烤製後稍事調味配上一個半熟煎蛋裝在一個碗裡就上桌了。這道牛肝菌香濃順滑，竟然有吃黯然銷魂飯的錯覺。手慢的話可加不到第二勺了，三下五除二抬頭發現碗已空了。

我說的自然，絕對不是隨意，烹飪中的每一個細節只要你問得出來，David 都可以回答出他的思考過程和如此處理的原因。一些看似隨性的搭配，其實是有扎實功底提供思考框架的。而這些出人意料的搭配又體現出他的原創性，這或許與他藝術專業出身有關。畢竟沒有原創性的藝術品，是很難在萬千作品中脫穎而出的。原創不是無根之木，而是在汲取前任養分後開出的獨立奇葩。對於 David 而言，烹飪是一種自我表達，餐桌是他向食客表達理念的最佳舞臺。

中國一些地區會以鹽或醬油搭配水果，例如荔枝、楊梅和西瓜等；東南亞還有以梅粉或辣椒粉搭配青芒果的。受此啟發，去年夏天 David 推出了一道有趣的西瓜前菜。他用魚子醬的鹹味來代替鹽，但又覺整個菜式少了一絲油分和香氣，於是選用托斯卡納火腿肥肉（Lardo）搭配。肥肉經過火炙後香氣激發顏色轉白，如啫喱一般將魚子醬固定在西瓜上，最後撒點黑白胡椒定調。吃進去先是火腿的香氣和脂肪的豐腴潤滑口感，次而是魚子醬的淡淡鹹味與多汁甜美的西瓜在口腔中碰撞，幾種味道組合成了前所未有的味覺體驗。

四季輪轉在 Neighborhood 有很好的體現，雖然香港四季不算分明，但 David 會根據時令去準備菜式。即便是同樣概念的菜品，食材上也會做出調整。比如到了秋天，上面這道菜就轉而用應季的柿子了。

David 在我看來是個調味高手，Neighborhood 的菜味道濃郁且富有層次，結構平衡。調味不單是妙用調味料和香料，亦是要通過適當處理來激發食材本身的深層次味道。

比如乾式熟成一百二十天的本地牛肉便是很好的範例。新鮮牛肉的味道層次難及經過熟成分解後的牛肉，如何去確定合適的熟成狀態和時間是一項科學。牛肉烤到三分熟，表層有淺淺焦痕，裡面卻是極美的粉色，搭配上煎烤過的洋蔥、大蒜、各式菜葉、馬鈴薯及黑胡椒上桌。一入口就嚐到濃郁的牛肉香氣，肉蛋白熟成後的香味有淡淡芝士感，鮮味則加倍突出。其餘的調味都是在烘托和強化牛肉本身的鮮美。重點突出、五味調和便是我說的結構感。結構感與空間感我認為是審美修養的一部分，並不是

上｜火腿配西瓜（攝於 Neighborhood）

下｜熟成一百二十天本地牛（攝於 Neighborhood）

所有廚師都可以把握，這或許也和 David 的藝術修養有關。

再比如去年初夏吃到的油煎小魷魚，調味用的是混了本地蝦醬的香蒜醬（Pesto）。蝦醬本身就是鹹鮮的代表，混入蒜和羅勒後味道層次更為豐富。新鮮小魷魚肉質爽脆，鮮嫩多汁，幾重不同質感的鮮味疊加在一起，簡直讓大腦難以處理這豐富的味覺層次。

這裡的米飯料理可謂綜合體現 David 的烹飪理念，既不造作，又充滿原創性；既調味平衡，又結構感突出。從最開始坊間好評如潮的鹽焗走地雞羊肚菌焗飯開始，每次 Neighborhood 的米飯料理都讓我直呼美味。我想 David 應該是對米飯極有感情的人，不然他不會將這一原料演繹得如此出神入化。

疫情前，有次和十來位好友年末聚餐，David 為我們準備了野生龍躉頭、魚腹及魚鰭焗藏紅花飯，一上桌那架勢已經令人震驚，龍躉頭碩大無比，藏紅花將米飯染成明亮的橙紅色，在燈光下顯出誘人的幽光。David 將焦香的龍躉肉拆下後與米飯混合，一嚐真是鮮味突出，配上龍躉軟骨又增一層口感。

我喜歡一道三文魚飯，至今念念不忘。這是一道將北海道三文魚即帝王鮭拆解得物盡其用又搭配巧妙的米飯菜式。鮮嫩微生的魚肉搭配脆炸的魚皮及醃漬過的三文魚籽，三種味道三層口感疊加在半湯飯狀的米飯上，既有魚肉的鮮嫩，又有魚皮的爽脆，還有魚籽的香滑多汁。溫潤落肚，那是一種絕不造作的直觀幸福感。

有人說，只有和 David 認識才能在 Neighborhood 吃好，我認為這類言論並不公允。我第一次去 Neighborhood 的時候也是自己電話訂位，與 David 並不直接認識，最後也吃得滿意。香港大部

上｜油煎小魷魚（攝於 Neighborhood）

下｜三文魚魚籽飯（攝於 Neighborhood）

分餐廳我都是從生客吃成熟客，若不是第一次就覺得好吃，如何會有後面這些回訪呢？社交媒體氾濫的年代，許多人對於美食的喜愛是不純粹的，我認為以平常心去享受每一次美食際遇，才能真正體會到烹飪之美。

香港的歐陸餐廳繁多，各國菜式都有覆蓋。除了以上幾家外，Antonio Oviedo 接手後，22 Ships 的西班牙小份菜做得越來越美味；Uwe Opocensky 主理的 Petrus 成為了現代派歐陸菜殿堂，創意多多又美味；謙虛低調的芬蘭籍主廚 Eric Räty 在 Arbor 打出了北歐與日本融合菜旗幟，常給人味覺體驗上的驚喜……但囿於篇幅只能暫時打住。

疫情以來無法自由旅行雖令人苦悶，但幸好在香港的餐飲版圖夠國際化，在飲食上可以時常假裝自己飛去了歐洲。今日法國菜，明天意大利，繼而西班牙，忽又去了北歐，也算是疫情下的一絲心靈慰藉。這便是我所說的「天涯若比鄰」之意了。

註

1. 寫於二〇二二年三月，各家餐廳都基於多次拜訪。

大師坐鎮

吉武照進志魂

框架之外，主旨之內

燒鳥的意識形態

傍晚天空中的懷石料理

巷深酒香

威士忌吧中的美式割烹

JAPANESE

大師坐鎮 [1]

The Araki

如果不是荒木水都弘這樣一位大師去進行此類嘗試，本地哪個壽司師傅敢走這條道路呢？

二〇一九年三月在京味出身的名店新ばし星野（新橋星野）吃飯，吃到一半，身邊兩位客人買單走人。我沉浸在美食中全然沒有理會周遭動靜，然等客人走出店去，主廚星野芳明（Yoshiaki Hoshino）笑著說：「剛才坐您旁邊的是荒木師傅。」

他口中的荒木師傅就是著名的壽司職人荒木水都弘（Araki Mitsuhiro，1966-），在日本境外，當你說出「荒木」二字的日語訓讀 Araki 時，對壽司略有涉獵者就知道你指的是哪一位。不僅他聲名遠揚，連他的徒弟如市川克海 [2]、駒田權利 [3]、行天健二 [4] 等等都已是獨當一面的大師傅了。

當時荒木師傅已將倫敦店的運營交給了自己的徒弟 Marty

Lau，坊間都在傳聞因為女兒學業結束，荒木師傅打算重新回東京開店。我熱心的日本朋友已經許諾我，荒木師傅一開店就幫我去訂位，畢竟當年他在日本銀座的壽司店あら輝（Araki）可是被坊間稱為「日本第一預約困難的壽司店」（日本一予約の取れない鮨屋）的。早在國際食客蜂擁前往日本搶預約名額前，荒木師傅便已取得了「預約困難店」這個榮譽。

然而事情的發展頗有「半路殺出個程咬金」的意味。二〇一九年年中就傳出荒木師傅要在香港開設分店的傳聞，背後金主更是大名鼎鼎；到後來更說他將親自督戰，坐鎮香港店。至當年十一月，The Araki 終於在尖沙咀的 1881 公館開幕，而且真的是大師坐鎮，並非派個徒弟來敷衍了事。聽聞消息，我立馬預約了位置，去一品荒木師傅的手藝。畢竟去倫敦時沒有拜訪過當年名聲響亮的倫敦店，大師來港自然是要去捧場的。

1881 公館前身是香港水警總區總部，為香港法定古蹟。活化後，雖位於尖沙咀鬧市區，但似乎人氣總不太旺。我自己頗少拜訪，因此第一次去 The Araki 的時候才發現原來這裡別有洞天。上了幾段電扶梯，來到屋頂頗有東南亞風情的小花園，盡頭一扇木門緊閉，門口的燈牌發著亮光，於夜色中透出 The Araki 幾個大楷英文字。一看時間正好，就報了姓名進去入座。

日本客人普遍守時，守時不是早到更不是遲到，而是在相約那一刻才掀暖簾進店。日本客人還會根據店家風格，來決定就餐時談天飲酒的音量與節奏，而不是完全由著自己性子來。在日本文化裡，高級餐廳猶如主廚的家，請得客人來家中，自然是客隨主便，遵守主人的規矩；而主人則以款待之心（おもてんなし）

認真招待客人，最後主客盡歡，完成這一期一會。

在日本之外，餐廳文化頗有不同。倫敦開店期間，我就聽聞有食客覺得荒木師傅規矩太多，對客人嚴苛。不過我常去日本拜訪各式餐廳，瞭解這些規矩，便也沒什麼顧慮。入座後，荒木師傅從後廚出來打了個招呼，我問相機可否置於吧檯上，以及餐廳內可否拍照，他表示沒有問題，並讓侍應拿了一塊餐巾來墊相機。這是我初次拜訪所有日本餐廳的習慣，因為原木吧檯造價昂貴，木身較軟，相機稜角分明很容易磕出印痕；一些日本廚師不喜歡客人在餐廳拍照，怕客人錯過品嚐時間或影響其他客人等等，所以能否拍照亦是需要提前問的。

待客人到齊，荒木師傅帶著團隊向客人問好，隨後手下廚師開始用英文和粵語介紹今晚的菜單安排。香港店一般三個前菜，十四五個壽司，有時候或有變動，畢竟「御任せ」（Omakase）的意思就是由廚師決定吃什麼嘛。

多數日本名廚學校畢業甚至更年輕的時候便入行學習，但荒木師傅真正進入壽司行業時已經二十五歲。他出身日本九州，祖父是西餐廚師，因此小時候他對於西餐的熱情更甚。為了進一步瞭解西餐，他工作假期時前往悉尼，先是在西餐廳打工，後來又去了一家當地的日料餐廳，沒想到這期間，他受到啟發和鼓勵，轉而開始對本民族的飲食文化產生濃厚興趣。

回到日本後，他進入目黑寿司いずみ（Sushi Izumi）學習。而他職業生涯中的貴人則是一代壽司名廚新津武昭（1946-？）。新津武昭是江戶前壽司名店きよ田的第二代店主，自一九六九年起，他從初代店主、被譽為「寿司天皇」的藤本繁蔵（1902-1986）

荒木師傅與幫廚

手中接過衣缽，讓原本就已聲名在外的きよ田成為了東京一等一的名店。

那是一個沒有互聯網炒作的年代，一切的名聲皆來自於食客的口口相傳。在壽司いずみ修業八年後，荒木欲拜入新津武昭門下，但被婉拒。然雖不收徒，新津卻有培養他之意——允許他每週一次到店內學習觀摩，這一學就是整整兩年的時間，以此他學到了不少新津武昭的手法。二〇〇〇年新津武昭從きよ田隱退，而荒木師傅也於同一年在遠離東京都心的上野毛開設了自己的壽司店あら輝。

由於きよ田是一家「傳賢不傳親」的店，每一個師傅在尊重原有框架的基礎上都會注入自己的風格。而荒木師傅跟隨的是新

津武昭，所以與其說他手法裡有きよ田的風格，不如說有新津武昭遺風。初次品嚐荒木師傅的手藝，便可對此有所體會。

首先，荒木師傅握壽司以傳統的本手返（本手返し）為主，這是新津武昭的老派做法。本手返先固定壽司兩端，再定型兩側。而目前流行的小手返（小手返し）則是先捏兩側後顧前後。

其次，是溫潤的赤醋飯，雖用的是酒粕醋，但色極淡，味道卻不乏深邃感。對於醋飯的細節，荒木師傅有自己的追求。不同壽司師傅對米的理解都不同，陳米或新舊混用，其中的比例亦各不相同；烹煮方式每間名店也有自己的秘法。但不可否認的是，醋飯（舍利）是壽司的基礎，如果一個壽司師傅無法通過醋飯清晰地表達自己的理念，那麼搭配再好的壽司題材（ネタ）也終究是浪費。

自東京舊店開始，荒木師傅便只用老丈人在埼玉縣種植的米，坊間流傳他對米從種植、灌溉、收成和加工都有自己的想法，能夠如此事無鉅細地遵守他要求的恐怕只有自己老丈人了。除此之外，他用的是陳放一年以上的米；陳米的含水量和黏性都低於新米，在烹製醋飯時可以更好地取得顆粒感和黏度之間的平衡。壽司用米在陳放時不可脫殼，用時再進行精米步驟。調味上，荒木師傅的醋飯只用酒粕醋和鹽，並不加糖，他曾說過「魚生長的海裡可沒砂糖」（魚は砂糖のある海にはいない）。最終的結果便是這溫潤平衡的醋飯。

其次，對於藍鰭金槍魚（黑鮪）的重視亦是きよ田一系的顯著特徵。早期江戶前壽司中，由於保存條件有限，加上漁獲數量較大，金槍魚並不被視為高級食材。但第二次世界大戰後，金槍魚這一題材的重要性逐步提升，きよ田在其中的推動

作用不可忽視。

荒木師傅的壽司菜單，若不計作為結尾的星鰻（穴子）、干瓢卷等，則必是從金槍魚始，以金槍魚結束。不同於多數壽司店（尤以金坂系和次郎系為代表）以白身魚開場，魷魚、銀皮魚和各種貝類擔任中段，之後才到金槍魚的安排，荒木師傅的菜單節奏有きよ田系的特點，金槍魚成為了其中的主線。先是味道清雅的赤身[5]，再到油脂漸多的中腹，繼而以香氣突出潤口鮮甜的大腹作結，帶來第一個小高潮。

豐洲市場（以前則是築地市場）著名的金槍魚中盤商石司與荒木師傅合作多年，非常清楚他對金槍魚品質的追求。我常說石司就是金槍魚的奢侈品店，他們只售賣高品質的金槍魚，而不似其他一些著名中盤商高低漁獲都提供。因此在壽司店看到石司的金槍魚牌紙，你就知道這家店對食材是有些追求的。

然而好的食材需要優秀的技法去激發它的潛質，並不是切塊石司的金槍魚隨便找坨飯糰放上去就會頂級美味的。荒木師傅的醋飯與金槍魚的適配度令人印象深刻，那種在口腔內水乳交融的感覺是在其他地方極少體驗到的。如果達不到這個水準，他又如何會自信滿滿地以金槍魚三連擊作為壽司的開場呢？

激昂的樂章開篇後，菜單進入白身魚和銀皮魚的溫和階段，猶如柔美抒情的詠歎調，卻是在為結尾的情緒上揚做鋪墊。最後的醬油漬金槍魚（漬け）和炭烤大腹（大トロ炙り）再度把人拉回到樂章開篇那動人的金槍魚「主導動機」上。

除此之外，一些呈現的細節上也反映出荒木師傅的師承。例如中腹與大腹都是兩貫齊上。「貫」是通用的壽司量詞，但

上｜日本藍鰭金槍魚中腹
下｜日本藍鰭金槍魚大腹

對於「一貫」究竟是一個還是兩個至今頗有爭議。明治大正時期，日本一貫銅錢是十錢，而彼時尚屬街頭食物的壽司常常五錢一個，一貫銅錢便可吃兩個。後來時過境遷，這個量詞得以保留，但究竟一貫指幾個壽司卻出現了爭議。總之在 The Araki 你可以一次享受到雙倍的金槍魚快樂。

荒木師傅對於食客拿壽司及放入嘴的方式都有自己的堅持。壽司開始前，他會介紹他認為最好的食用方式 —— 用拇指、食指和中指三指捏住壽司，然後翻轉以魚生面向下送入口中。我一直認為，壽司是用手握製的食物，那麼用手直接抓取也是最佳的方式。不過對於食材還是醋飯先接觸舌頭，大部分壽司師傅都無執念，我認為也可各人選擇自己喜愛的方式品嚐。這也可以說是荒木師傅的一個堅持了。

去了幾次都未遇到星鰻配山椒這一典型的きよ田做法，他在東京舊店和倫敦店都有呈現這一貫，但在香港店似乎只有柚子與鹽、星鰻醬汁及芥末配醬油三種做法。

前面提到，二〇〇〇年荒木師傅在上野毛獨立開店，十年後終於搬入銀座這一高級餐廳競爭白熱化的「戰區」。甫一搬店，あら輝便獲得了二〇一一年東京米其林三星的評價。然而出人意料的是，為了給自己尋找新挑戰，二〇一三年荒木師傅決定整店搬至倫敦。至於為何選擇倫敦，一方面自然有女兒學業的考慮，另一方面據說是已故名廚 Joël Robuchon 提議的。搬遷工作從籌劃到完成歷時三年，據說二百年老檜木吧檯是著名作曲家坂本龍一贈送的。二〇一四年倫敦店開幕後，口碑日隆，短短三年時間他便拿回了米其林三星的榮耀。

有了倫敦開店的經驗，搬來各方面資源都顯著優於倫敦的香港對於荒木師傅而言想必不是難事。無論是食客的熱情和對壽司的熟悉程度，亦或日本食材的可得性和空運時間，香港都有得天獨厚的條件。各類食材基本可以原樣複製東京，香港應是日本之外進口優質日本食材最多的城市之一。

然而荒木師傅不走尋常路，經過倫敦幾年的經驗積累，他更加確信並非只有日本食材才可製作出美味的江戶前壽司。充分合理利用本地食材與其說是一個噱頭，不如說是他實踐了多年的核心烹飪理念。因為海洋是相通的，各地物產雖有不同，但關鍵在於捕撈及初步處理漁獲的方式要符合日本料理的要求，這需要通過與當地漁民的溝通來實現。據說荒木師傅每日一早都派熟悉本地漁獲的副廚去大埔街市選購食材，並與本地漁民建立長期的合作關係。

當年在倫敦，他用了大量歐洲食材，例如康沃爾（Cornwall）魷魚、地中海金槍魚、蘇格蘭三文魚，以及魚子醬、黑白松露等等，似乎也取得了合理的效果。

在香港自然不需要用魚子醬和松露了，本地漁獲豐富，選擇頗多。前菜就已顯示出荒木師傅對本地食材的興趣，第一次去的時候他用燕窩、花膠搭配跟米同蒸的澳洲鮑魚，配以日本高湯（出汁）及米漿。鮑魚軟糯，香氣雖難及日本黑鮑，但亦不算差。米湯的鮮味十足，花膠的膠質增加了湯的口感，可以說是很有趣的組合。第二次再去的時候，這個菜還在菜單上，不過鮑魚則改為大連鮑。另外，也有用紹興酒煮的做法，香氣更為突出，看深棕色的外面還以為是乾鮑，實際上裡面還是鮮嫩的狀態。

以本地食材做前菜並不稀奇，困難的是如何「調教」出適合做壽司題材的本地漁獲。幾次拜訪而言，我認為整體效果還算不錯。本地游水青斑魚活締後，用昆布漬（昆布〆）手法處理，熟成八日以刺身形式待客。青斑魚肉色白裡透粉十分誘人，經過熟成後蛋白質分解，鮮味釋放，配以少許日本香橙（柚子）皮和高品質真妻山葵入口，那種鮮甜的感覺令人一驚。原來青斑還可以是這個味道的！

再比如港珠澳水域獨有的雞公鮸接近日本黑棘鯛（ちぬ），做成握壽司完全可以替代真鯛在菜單中的位置，甚至鮮甜味有過之而無不及。本地墨魚（墨烏賊）細密改上花刀，入口綿密黏軟，絲毫不輸它的日本兄弟。而本地花竹蝦久有盛名，鮮活花竹蝦煮熟後即剝即捏做成壽司，汁水豐腴，鮮味突出。

每次來都會發現荒木師傅對於本地漁獲的瞭解又進一步加深，又有些新品種被巧妙運用到其中了，例如本地蝦蛄雖小，但肉質細膩，鮮甜可口；荒木師傅的壽司本身個頭不大，本地蝦蛄大小倒也正合適。甚至連蛤蜊（蛤）也用了本地的，只不過和日本的大蛤蜊相比，香港的就太小了點，需要兩枚方能握成一件。作為重要壽司配料的蝦肉鬆（朧）則是用本地海中蝦做的。總之本地食材在整個菜單裡佔據了至少六成以上的比重。

除了漁獲以外，就連壽司薑亦是用本地子薑做的。醃製時用到了醋橘、青檸檬和橘子三種柑橘屬水果的汁水，出來的效果是清爽溫和，並不十分刺激，正好用來清理口腔，而不至於留下太重的辣味或酸味。

我在香港店從未品嚐過荒木師傅做的小肌[6]，作為江戶前的

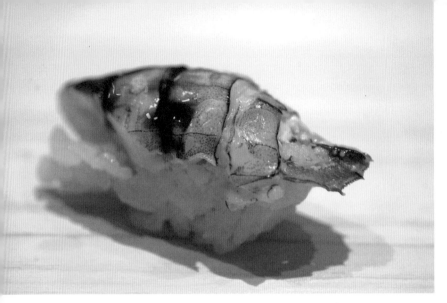

上｜本地蝦蛄

下｜本地蛤蜊

重要題材，它的缺位還是頗為可惜的。據說是小肌空運到港後的狀態無法達到荒木師傅的要求，於是索性棄而不用。其實中國的黃海、東海及南海水域都有窩斑鰶，不知道是否有一天會在 The Araki 吃到本地小肌呢？

坊間一些食客認為荒木師傅用諸多本地食材卻仍收四千港幣一位的價格，似乎食材成本不足以立起這價格。我認為這個論點雖有一定道理，但定價或取決於投資人；而且為取得符合壽司製作要求的本地漁獲，也許前期有不少沉沒成本亦未可知。在未拜訪 The Araki 前，我亦有此觀感，但當我品嚐了荒木師傅用本地漁獲製作的前菜和壽司之後，便覺得這是一個有趣且有意義的嘗試，我願意偶爾為此付出些溢價。

日本料理如果糾結於食材產地而難自拔，必然導致離開東亞便無好日本料理這一論調成為主流。其實空運日本優質食材是一種較為簡便又保險的方法，而研究本地食材和建立與本地漁民及農民的良性互動關係是一項持久的工作，很多時候還有吃力不討好之嫌。

如果不是荒木水都弘這樣一位大師去進行此類嘗試，本地哪個壽司師傅敢走這條道路呢？所以我對此是持開放態度的，亦會繼續回訪 The Araki，看看荒木師傅又給本地食客帶來怎樣的新發現。

註

1. 寫於二〇二二年二月，基於多次拜訪。
2. 東京著名壽司店いちかわ（Ichikawa）主廚兼店東。
3. 伊勢著名壽司店こま田（Komada）主廚兼店東。
4. 福岡著名壽司店鮨行天主廚兼店東。
5. 赤身為油脂較少的部位；中腹或稱中脂（中トロ），位於赤身向大腹或大脂（大トロ）過渡的部位，油脂比例居中；大腹或稱大脂是金槍魚中油脂最豐富的部分，根據油脂的分佈，以及所處身體部位的不同，還有細分名稱，不再贅述。
6. 小肌是日語對七至十厘米體長的窩斑鰶幼魚之稱呼，短於五厘米的幼魚叫「新子」，成魚則稱為「鰶」。

吉武照進志魂 [1]

すし志魂

香港高消費力的食客群體，便捷高效的運輸條件和順暢的清關程式，使之成為了日本之外品嚐日本料理的最佳選擇。

二〇一七年東京《米其林指南》發佈，雖然星級餐廳的名單和數量都有所變化，但二百二十七家星級餐廳的記錄依舊無城市可敵。

我最近剛去東京待了幾天，來去匆匆，時間總是不夠，想要拜訪的餐廳畢竟太多。因此我給自己立了個規矩，便是香港開設了分店的餐廳，暫不拜訪。至今為止，唯有鮨とかみ和龍吟是拜訪過本店的。今日要說的便是未去過本店鮨よしたけ[2]的すし志魂。

二〇一二年鮨よしたけ首次進入東京《米其林指南》，一登場便獲得三星。高歌猛進的吉武師傅於二〇一二年在香港開設了鮨よしたけ的第一家海外分店，目前為止也是唯一的海外分店。

討論日久的紐約分店，至今還沒有開張。

香港店剛開業時，主廚為宮川政明，副廚為柿沼利治。二〇一三年港澳《米其林指南》中，鮨よしたけ香港分店便獲得米其林二星，第二年更是獲得與本店同樣的三星評價。與紐約的 Masa 一起成為了全世界僅有的兩家日本以外的米其林三星壽司店 [3]。獲得米其林三星不久後，宮川去札幌開了壽司宮川（すし宮川），柿沼利治便升任為主廚。

同年，據說因與本店同名之故（名店開分店多與本店同名，不同名的往往代表不同餐廳定位），有客人訂錯位置（這都可以？），於是香港分店改名為「すし志魂」，意為迎接挑戰之精神。

《米其林指南》當年進入日本市場時，爭議頗大，比如一些高星級店在日本本土的食評網站 Tabelog 上評分較低，可以看出指南的評價標準與本土食客的評價存在一定差異。鮨よしたけ雖然獲得米其林三星多年，且在外國食客中口碑甚好；但東京壽司名店林立，無冕之王眾多，其在 Tabelog 上最近的評分不足四（滿分五，按絕對標準看鮨よしたけ得分不低）[4]，被一眾更高分的店甩在後面。

然從香港店來看，本港食客對於志魂總體還是買帳的。最為主要的批評之處在其定價，試想四年前主廚菜單（お任せ）便已經是三千五百元港幣一人（不過彼時有稍便宜的兩個菜單可選，大致在二千至三千元港幣），這對於當時的香港市場而言，是極具挑戰性的定價。

但一日兩次空運的魄力，在全世界範圍內來看，都沒有其他店可比。食材保證兩店統一之外，無論是全木吧檯，還是座椅、

水、餐具及牙籤等等，皆與東京本店統一標準。

三年多前（編按：即二〇一三年），初到香港生活，便已知道鮨よしたけ的香港分店了。但對於一個初入社會的打工仔而言，花費四千元港幣（還有服務費及酒水等）吃一頓壽司，還是需要一定的勇氣的，屬於挑戰自己收入狀況的壯舉。

不過人生在世，還是要挑戰一下自己的。於是約了朋友，第一次拜訪志魂。

志魂店面可謂簡樸，位於尚圜這個四星級酒店中，酒店的定位與志魂定位全然不符。店面狹小，吧檯僅有七個位置，另設一可坐六人的小包間。想起已經結業的銀座小野寺（Ginza Onodera），可謂店面氣派，但菜品卻不盡如人意。這便是餐廳成本分配的取捨所在了。

由於吧檯位置不夠，我們一行五人便訂了包間。吃壽司和天婦羅者，我一般堅持坐吧檯。包間多為私密性考慮，壽司常是捏好幾種再送入，重力和時間對於壽司的形狀、密度及溫度都會有影響。

第一次拜訪的體驗而言，坐包房乃第一個錯誤。當天我們的第二個錯誤決定是開車前往，結果高峰期中上環一帶塞車嚴重，走路二十分鐘的路程，車開了整整一個小時，導致我們遲到了四十分鐘，而一位朋友準時到達，主廚柿沼利治詢問了多次其餘客人何時到店。因為八時半開始還有第二輪客人前來。

這樣的遲到記錄，在我的餐廳拜訪生涯中前無古人後無來者。更何況是在一家江戶前壽司店，遲到四十分鐘將整個氛圍都弄尷尬了……

主廚柿沼利治乃吉武正博的得意門生，他二十三歲開始跟吉武學藝，十餘年後方得師傅首肯，獨挑大樑。他早年在亞特蘭大工作生活過，因此英語流利，介紹食材及與不會日語的食客交流全然沒問題。雖然我們遲到許久，但柿沼師傅依舊在上菜時親自來包間介紹每道菜及每貫壽司。

包間吃壽司的問題十分明顯，每次捏好三四種送進來，師傅又建議趕快食用，便將這吃的節奏完全打亂。三四貫壽司急急下肚，來不及細品也來不及調整。而之前預期太高，又導致現實顯得骨幹。整晚下來，印象最深的是招牌酒肴蒸鮑魚配鮑魚肝醬。

黑鮑魚（蝦夷鮑魚乃是黑鮑的北方形態）是江戶前壽司店容易見到的初夏食材，很多食材雖一年四季皆有，但總有一個最佳的時節，鮑魚自然也是如此。但志魂一直提供這道菜，這導致不同時節鮑魚肝醬的顏色因鮑魚生活環境不同，從深灰色到灰綠色各不相同。比如六月去時，用的便是島根縣產的黑鮑魚，肝醬顏色頗深；之前十二月份去時，肝醬便有些綠。皆因不同產地的鮑魚之食物有差異，導致內臟顏色不同。

吉武系的鮑魚以清酒長時間蒸煮，用搖刀法切波浪紋，配以細膩濃郁的鮑魚肝醬，實在是人間美味。關於這道招牌菜，坊間頗有美譽，雖不至於說是人生第一珍饈，但也確實讓人時刻想回訪再吃。

志魂與他人相比最出眾的不是鮑魚本身，而是這一味鮑魚肝醬。很多壽司店或割烹會席店都有用鮑魚肝入菜的，但將這烏黑內臟做得如此美味的，也沒有太多。醬汁的濃稠度和溫度都恰到好處，香氣濃郁，鮮美無比。

無論是午餐還是晚餐，鮑魚肝醬都是有的，區別是晚餐便是整塊的蒸鮑魚，午餐則是鮑魚絲。吃不完的肝醬則可佐上醋飯，亦很鮮美。

午餐廚師菜單沒有整塊鮑魚，章魚櫻煮便顯得重要了。章魚冬夏兩季盛產，上次去時，志魂用的是佐賀縣章魚，經過長時間的按摩、醃製及慢煮後，切波浪紋供客。很多壽司店都有章魚櫻煮，多以冷菜形式呈上，志魂的章魚溫度較為適口，我個人更喜歡。

第一次拜訪乃初夏，春子的季節未過，墨烏賊正當時，縞鰺也是時令，正是眾多美味食材紛紛上市的季節。但坐在包間裡，壽司幾貫捏好才上，服務員又一直提醒說，要以最快速度吃掉。導致酒喝得急了（我們點了一大瓶伯樂星的純米吟釀，沒喝完，拿回家做菜了），壽司吃得快了，加上追加的海膽軍艦，最後一臉懵逼，又飽得一塌糊塗。

可以說第一次拜訪之後，志魂有點令我失望；唯有鮑魚肝醬讓我心心念念，於是後來又回訪了幾次，印象逐漸提升。

午餐時間去，有時候由副廚筱原邦宏[5]捏製。筱原師傅的英語雖不及柿沼主廚，但也可用英語與食客交流，因此用餐氛圍也不錯。

午餐時間也可點晚餐菜單，有一次冬日時節去吃午餐，前菜僅有可憐的蟹肉茶碗蒸，沒有香箱蟹和大塊的清酒蒸鮑魚，於是便臨時升級了菜單。冬日的香箱蟹（母蟹）也是志魂的招牌前菜之一，飽滿鮮甜的蟹肉，配以濃郁的蟹籽和醋果凍，十分開胃。

我比較喜歡酒粕醋調味的壽司飯，志魂在這一點上正合我意。其用四年的陳酒醋，香氣濃郁，酸味柔和，與本身性格突出

上｜鮑魚肝醬

下｜醋飯配肝醬

的魚生尤其搭，互為映襯，融為一體。但遇到柔和的食材，則赤醋味道太過統領全域。不過從酸味而言，酒醋是比米醋要柔和而自然的。

志魂的米飯以柴火烹煮，人口吹氣，保持了相當傳統的蒸壓方式[6]。米飯熟度較高，吸收了較多水分，因此整體較為軟身，黏性高。有朋友不喜歡吉武系的醋飯，認為太過濕軟。客觀而言，有時候確實會出現米粒黏在盤子或手上的經歷。

因米飯濕軟，所以飯粒間空隙就較少，不會出現金坂系那樣的下沉現象，而米飯的顆粒感自然也不會很強。志魂的壽司口感上以綿軟溫潤為主，有時候確實少了些米粒間的空間感和嚼勁。

烹煮壽司飯是每一家壽司店的重點攻關課題，每位名廚都有自己的理解，這也是構成豐富多彩江戶前壽司圖景的重要一環。若覺得壽司只是簡單的魚生加米飯便大錯特錯，每家店看似食材近似，但米的選擇和烹飪、食材的預處理、切刀法及捏製手法，其中奧妙大不相同。這也是探訪不同壽司店的樂趣所在。

例如鮪魚大腹現在基本是江戶前壽司標配食材了，幾乎每家都有，即便是同一季節同一產地同一釣法，甚或同一條鮪魚，不同店的處理都會造成微妙的區別。志魂的大腹在熟成一週左右後，以熱水微燙，去除過多的油脂，再過薄鹽醬油降溫，靜置後再捏製成壽司。

同樣為壽司店標配的海膽軍艦卷，志魂也有自己的思路。多數店家僅用一種海膽，而吉武系的特色便是用馬糞海膽和北紫海膽兩種海膽入饌，將兩種海膽的個性融為一體，在食客口中進行最後一步的「烹飪」。這也是壽司被人稱為「口中烹飪」

的妙處所在。

作為菜單結尾壽司之一的穴子，在志魂有時會被製成太卷形式，除了煮穴子外，裡面還有奈良漬和少量雞蛋。奈良漬的淡淡酒糟味和志魂的酒醋飯十分相稱，較常見的穴子握壽司更合我意。

若是在東京吃壽司，午餐與晚餐的食材不會有本質上的區別（當然大部分壽司店午餐菜單較晚餐簡單，故價格會低一些）。但在香港則囿於運輸條件限制，大部分江戶前壽司店只能做到一天一運，造成午餐食材與晚餐食材的不同，所以午餐晚餐價格的價差大於東京。

但志魂風雨無阻，一天兩運，午餐與晚餐水準保持一致，這個特點是其他香港壽司店難以比及的。有一次去吃午餐，主廚拿著剛剛煮好的日本對蝦，邊處理邊說，這蝦今早凌晨還在日本的海裡游呢。如此的食材素質，是美味壽司的基礎之一。

志魂開業前，香港並無上檔次的高級壽司店。雖然一些開業日久的本地日本料理店門庭若市，但這些店都是本土化的。志魂壽司開業後，起到了很大的示範作用。

吉武正博將分店開到香港的舉動，在日本本土吸引了一部分有國際眼光和商業雄心的壽司師傅的注意。他們開始將目光投向海外市場。香港高消費力的食客群體，以及便捷高效的運輸條件和順暢的清關程式，均使之成為了日本之外品嚐日本料理的最佳選擇。

在志魂開業後，又有銀座いわ（Ginza Iwa）[7]、銀座小野寺（已結業）、鮨とかみ（Sushi Tokami）等東京的壽司名店來港開設海外分店。壽司之外，懷石、會席、天婦羅等名店也逐步

進入香港市場。在近五六年香港的日料大發展中，志魂的示範效應是毋庸置疑的。

志魂自然不是我在香港最常光顧的壽司店，但每年總是要去幾次的。一些細節上仍有提高改進的空間。比如有次甜品乃草莓麻糬，糯米面皮帶有一點點蔥味，不知道後廚用刀是如何管理的？而且甜品這一環節，也一貫較弱，草莓麻糬是我吃到過最滿意的一個甜品了，抹茶最中餅（もなか）這類的甜品太過稀疏平常。

香港很多江戶前壽司店的甜品都較志魂更為出彩。若甜品做的不出彩，不如直接刪去，畢竟玉子燒（玉子）已經起到甜品的作用了。

另外，主廚英語好，可以直接交流。若論性價比，志魂的午餐佔優勢。

不過它的鮑魚肝醬，確實每次都不會失望。

註

1. 寫於二〇一六年十二月一至四日；基於多次拜訪；寫作前一次拜訪於二〇一六年六月。本篇寫作時志魂仍位於上環舊址，二〇一九年五月志魂搬入置地文華東方酒店，與 Amber 為鄰。搬遷後的志魂空間更為寬闊，而料理質素未變，甚為欣慰。
2. 以店主吉武正博（1964- ，栃木縣人）之姓氏命名，前身為六本木的すし吉武，二〇一〇年改名並搬至銀座。
3. 二〇一八年的《米其林指南》中，倫敦的 The Araki 亦獲得米其林三星。
4. 指本文寫作時。
5. 目前已回日本。
6. 搬遷新址後不確定是否維持原來的烹煮方式。
7. 目前與總店合作關係已終止，改名為「鮨わだつみ」（Sushi Wadatsumi）。

框架之外，主旨之內

鮨まさたか

任何的料理體系都需要吐故納新，即便是相對傳統和封閉的料理亦是如此。

四年前第一次去鮨まさたか（Sushi Masataka）的時候，餐廳還叫鮨魯山（Sushi Rozan）。一開始以為主廚叫魯山，後來發現餐廳名與主廚完全無關，大概是投資人林建岳先生取的名字。當時的壽司吧檯是 L 形的，可寬鬆坐下十二個人。每次去都是滿座，由於吧檯較寬大，主廚常要來回跑著遞送壽司。

餐廳屬於麗新餐飲集團，當年活道萃峯地舖有三家麗新開的日本元素餐廳，一是提供綜合日料，較為休閒的吟彩；二是小西充主理的米其林二星日法融合菜 Wagyu Takumi；第三家便是鮨魯山。後來吟彩結業，Wagyu Takumi 換主廚掉星；荷李活道的 Wagyu Kaiseki Den 被房東加租，麗新索性把它搬到了活道。且都

在餐廳名中融入了主廚名字。鮨魯山也終於帶上了主廚藤澤昌隆師傅的名字，改為鮨まさたか（Sushi Masataka）。改造後的餐廳較之前縮小許多，壽司吧成為一字形，僅可坐八至九人，主廚不用辛苦地跑來跑去。而且不再開放午餐，僅做兩輪晚餐。不過之前的 L 形檜木吧檯據說造價不菲，不知道新吧檯是否用舊吧檯改造而成。

香港的壽司店多如牛毛，各個檔次都有，頂級名店不缺，日常食肆不少。名店中不乏日本開來的分店，比如當年的銀座いわ（Ginza Iwa）的香港分店[2]、鮨とかみ（Sushi Tokami）、すし志魂（Sushi Shikon），以及去年（編按：即二〇一八年）才開業的鮨さいとう（Sushi Saito）等等。然而鮨まさたか並沒有名店背景加持，全靠自身功力打出了一片天地。剛搬來香港時就聽聞這家壽司店是香港數一數二的，好奇之下與朋友結伴拜訪，從此之後這裡就成為幾家我常去的壽司店之一了。

主廚藤澤昌隆低調神秘，我向麗新的公關詢問主廚的學藝經歷，竟也答不出個所以然來。只知道他是北海道人，但來香港前在何處修業、工作則費了我一番找尋。他十五歲便進入壽司行當，在函館修業，經過六年基本功培訓後搬到東京繼續深造。曾在「壽司師傅集訓營」老店銀座久兵衛 (Ginza Kyubey) 修業，後來曾經自己開店，又結業流浪海外，美國也好，歐洲也好，新加坡也好，都留下了藤澤主廚的足跡。據說他是個性情中人，在歐洲流浪採風的一年中，為了在自己喜愛的西班牙多逗留些時日，他竟不惜露宿街頭。莫看板前的他一臉嚴肅，想必內心還有些文藝情結。

來香港工作前，他是鮨一新加坡分店的板前，林先生可謂慧眼識英雄，即便藤澤昌隆沒有十分耀眼的全名店修業履歷，但作為投資人卻願意將新投資的壽司店交給他主理，可謂是十分的信任。藤澤師傅在三十年的修業生涯中積累了豐富的經驗，而且海外經歷也拓寬了他的視野，令他的菜品合乎江戶前精神，又不拘泥於條條框框，形成了一套框架之外、主旨之內的獨特壽司美學。

第一次去的時候，注意到主廚砧板上放有一塊粗短的圓柱形冰塊，每次切魚前後藤澤師傅就用這冰柱塗抹砧板。至今為止我在其他壽司店均未見過這一做法，於是問主廚冰塊何為。原來是為了讓砧板保持較低溫度，以防處理魚生時砧板溫度不穩定，這是藤澤師傅多年經驗總結所得。

唯有基礎扎實，才能形成更高的料理理念。看藤澤師傅處理魚生和捏壽司是十分享受的一件事，全因其底子扎實，手法優美。無論是準備酒肴，還是切魚，亦或捏製壽司，都如行雲流水，一氣呵成。他的刀工了得，切魚手勢便可看出。招牌的三枚握金槍魚大腹一試難忘，他將金槍魚大腹處理為飛薄的片狀，然後三片錯位疊加捏製成壽司。這樣金槍魚大腹的油脂香氣得到更充分地釋放，也不會如厚切般過於油膩。

鮨魯山時期有次拜訪，在主廚菜單結束後，一位熟客要求藤澤師傅做大根卷，即是要薄如紙片的大根捲著米飯、抹著山葵吃。藤澤師傅面露無奈，不過還是二話不說用刀削起了大根，只見白蘿蔔隨刃而動，慢慢舒展成了一張白紙般的薄片，令人驚歎。

藤澤師傅善於思考，樂於鑽研，他有個常年研究的課題便是昆布漬。昆布漬據說最初是富山縣的鄉土料理，可以釋出魚肉裡

多餘的水分，增添鮮味，又可延長保存時間。後來這一方法被關西地區吸納，用來將魚材運到離海較遠的地區。在現代江戶前壽司形成的過程中，昆布漬手法亦被吸收，一般壽司店都會用到昆布漬，但多數壽司店只用一種昆布，且這一方法多為處理白身魚時所用。但藤澤師傅對昆布興趣盎然，店中常備三種昆布。除了處理部分白身魚和白海膽外，他還會用昆布來保存、提鮮其他魚材。

在一系列昆布漬的題材中，最有名的要數昆布漬白海膽壽司。原本白海膽已是少見，他還多加了一道昆布漬的程式，令甜潤豐腴的白海膽生出更強的鮮味來。用來處理白海膽的是壽司卷昆布磯之雪（すし卷昆布磯の雪），產自北海道。藤澤將新鮮白海膽一片片碼在昆布上，用另一塊昆布蓋上，處理時間則視乎海膽的狀況和空氣的濕度決定。漬後的海膽釋出多餘水分，鮮甜味道更為集中；海膽表面印上了昆布的紋理，並形成一層薄薄的透明膠質，口感亦變得不同。

除此之外，我還吃過昆布漬的牡丹蝦、鯖魚及各類白身魚等等。不過昆布漬白海膽是其中不確定性較大的一款，因海膽本身的狀態無法百分百從外表判斷。若海膽本身品質一般，則昆布漬後效果大打折扣，我之前就踩過一次雷。

昆布在藤澤師傅的料理中發揮的作用遠不止昆布漬一項，他連調製醋飯所用的醋中亦加入了昆布提鮮。說到醋飯，就要多提幾句，鮨まさたか的醋飯用的是山形縣產的米，到港後才進行精磨；調味所用的醋多達六種，四款赤醋、兩款白醋調和而成。醋飯中加入了少許糖，平衡醋味並進一步帶出米飯的鮮甜味道。最

上｜昆布漬白海膽

下｜毛蟹

後形成的醋飯顏色較淺，是平衡溫潤的赤醋飯，與各類食材搭配都不會顯得突兀或喧賓奪主。

除了昆布漬，藤澤師傅也會對部分食材進行熟成，令其達到新鮮食用時無法比擬的最佳狀態。比如冰見（氷見）的鰤魚油脂豐富，冬日時令自然不能沒有這款題材。藤澤師傅會將其熟成一週，令脂肪部分分解，香氣進一步釋放，口感變得柔嫩。

藤澤主廚的食材選擇較東京名店的香港分店思路更為廣闊，比如香魚（鮎）、時不知鮭（トキシラズ）、喜知次魚（キチジ）等食材在傳統江戶前壽司店較少見到。主廚的北海道背景及海外經歷為他的食材籃增加了一些關東較少使用的食材。

這些特別食材的選擇成為了鮨まさたか的特色之一，相同季節拜訪壽司店總會遇上大量重複的食材，但在千篇一律中，這裡總會有一些其他壽司店不太有的時令食材組合出現。比如有一次他用和歌山產的香魚做成魚卷，配以紫蘇與少許梅醬，清新鮮美，酸中透甜，尾韻微苦，淡出春末夏初的清爽風情。雖然傳統熟壽司（馴れ壽司）便用香魚及米飯發酵而成，但現代江戶前中則幾乎不會使用香魚作為題材，甚而做前菜的情況也十分少見。當然莆田名店初音鮨也用香魚做壽司和酒肴，不過初音本身就屬於十分獨特的派系。

作為北海道人，藤澤師傅對鮭魚頗有研究。本港多數高級壽司店都極少使用鮭魚類題材，但在鮨まさたか，櫻鱒也好，時不知鮭也好，秋冬的秋鮭（サケ）也好，都可在藤澤師傅手下變得美味動人，入嘴盡是鮮香，絲毫沒有鮭科魚常有的怪味。

蟹肉軍艦壽司不少壽司店都有，但藤澤師傅另闢蹊徑，將日

上｜櫻鱒

下｜螢光魷魚、味噌配芽蔥

本毛蟹肉拆出，包裹著醋飯，上面放置蟹腿肉及醃製過（塩辛）的蟹籽，一入嘴是滿滿的鮮甜。最妙的是那一點蟹籽，為原本有些單調的蟹肉增添了一絲鮮味。

這裡的酒肴亦不是簡單的幾片刺身或一個蒸蛋打發，而是一道道精緻的料理。富山灣的螢光魷魚炙烤後配上味噌，以芽蔥帶味。金目鯛炙皮後與豆腐皮（湯葉）共蒸，鮮嫩多汁，豆腐皮溫潤滑嫩。昆布漬的鯖魚配上白昆布和少許香橙青辣椒醬（柚子胡椒）提味，打開了對鯖魚的新認知。這些酒肴與壽司混雜出場，讓食客保持新鮮感和探索心，不知不覺中便吃完了整個菜單，意猶未盡。

日本不少名店亦是酒肴與壽司交叉出場的風格。無論是酒肴和壽司涇渭分明地先後出場，還是一家親般交錯出現，都可以有不錯的用餐體驗。不過對於主廚而言，交替出酒肴和壽司實質上增加了工作複雜度。原本可以完成一項工作後專心處理下一階段，現在需要同時處理多項工作，不過我從未見過藤澤師傅搞錯，可謂思路清晰。

依照東京壽司店的傳統，烤雞蛋糕（玉子燒き）便是甜品環節，但香港的壽司店多多少少總要加一個甜品或者水果做結尾。最無誠意的是新鮮水果敷衍了事，在鮨まさたか，可謂善始善終，甜品亦花了不少心思。無論是水信玄餅，還是自製的豆腐雪糕、番薯雪糕，亦或月見糰子和蕨餅，用上了和食店才有的心思。

任何的料理體系都需要吐故納新，即便是相對傳統和封閉的料理亦是如此。握壽司雖然形成於關東地區，但作為日本飲食文化的名片之一，吸引了全世界的目光。在日本國內壽司店多如

牛毛，即便關東之外也有不少壽司名店，他們或遵循江戶前的原則，或另闢蹊徑，形成了完全自我的風格，為壽司生態的多樣性做出了貢獻。這些本土元素的吸納和融合均是在科學合理的基礎上進行的，而不是為了創新而創新，這也是我欣賞藤澤師傅和鮨まさたか的一點。

現如今生活節奏加快，即便是壽司行當修業時間亦似乎越來越短，不少年輕廚師紛紛獨立，為壽司世界注入了新鮮血液。亦有不少對壽司文化感興趣的非日本廚師赴日學習，進而自己開店的。但對於只學了皮毛就自以為是開始所謂的創新和改良，我是深不以為然的。地基不穩，則難起高樓大廈，功夫不到，就只能小打小鬧。

我曾帶金坂（Kanesaka）出身的年輕日本壽司師傅去鮨まさたか吃飯，藤澤師傅的許多處理手法和菜品呈現均讓他頗有啟發。雖然這裡許多食材選擇、食材搭配和烹飪手法都不是百分百江戶前的，但每一道菜品都是實實在在的美味。這大概便是自我風格建立與料理種類本身特質相契合的力證之一，亦是所謂框架之外，主旨之內的一個案例。

註

1. 寫於二〇一九年四月；基於多次拜訪；寫作前一次拜訪於二〇一八年五月。
2. 後來終止了合作關係，餐廳改名為「鮨わだつみ」（Sushi Wadatsumi）。

燒鳥的意識形態 [1]

Yardbird

飲食上不應持有意識形態的原教旨主義。任何菜系的流變與變化，只要傳承與創新並重，不變合理取捨，則可。

　　所謂「精緻餐飲」（Fine Dining）如今風頭正勁，但真正樂在其中者畢竟只是少數。我雖喜歡精緻餐飲，但朋友中多有「反儀式感」的，說起吃飯總要選個折衷的去處。此類地方環境要輕鬆自在，服務貼心而不貼身，留給客人足夠的空間；其次對著裝風格亦無過多要求，舒服即可；但食物素質必須過關，不能因為環境輕鬆，便讓烹飪也輕鬆下去了。於是乎我偶爾會和朋友們去一度在城中大熱的燒鳥店 Yardbird。

　　我來港第一年便已聽聞 Yardbird 大名，只因二〇一三年「亞洲 50 最佳餐廳」榜單剛出爐時，Yardbird 便「位列仙班」。發現在幾家上榜的香港餐廳中，這一家尚未拜訪。後來有朋友約吃飯便去了 Yardbird，一晃眼已是四年前了。

彼時 Yardbird 在蘇豪區必列者士街（Bridges Street）的一間窄小店面中。從中環過去需沿鴨巴甸街上行，至元創方附近右轉進入必列者士街，再步行數分鐘到街尾方是。餐廳不接受預約，且僅開晚餐，滿座時需要等上很久才能入座。我們一行四人抵達時正值晚餐高峰，餐廳裡水泄不通，僅有的四十個座位早被佔滿；轟鳴動感的音樂和忙碌穿梭的年輕店員讓這個地方顯出一絲不同尋常的生氣。與其說是餐廳，不如說是一家有燒鳥的酒吧。我們在等候區域點了些飲品邊喝邊等，由於餐廳音樂頗響，說話也需要費上十二分的力氣才能聽清。

Yardbird 的服務員都是些頗有街頭風範的年輕人。他們穿著 T 恤圍著圍裙，身上的打扮都有著濃重的個人印記——或耳釘或紋身，活力十足，完全是一幅自由自在的做派。從見到第一個服務員那刻起，你便知道這不是一家走尋常路的燒鳥店，客人與服務員的關係也從簡單的服務與被服務變為積極的互動。這裡的年輕人對工作都充滿熱情，我們坐下後，服務員看我們四人中有三人是生客，便興奮地講解起菜單，從菜式特色，到推薦的點法，以及酒水單都簡明扼要地進行了介紹。那架勢完全不似香港多數餐廳服務員例行公事般的敷衍，更像是請人到了家中吃飯，掩飾不住那份熱情好客。

二〇一一年 Yardbird 開業時這樣的服務風格在香港可以說是別無分號的。他們認為與其用標準化的培訓抹殺服務員的個性、將每日的工作流程化，不如激發服務員對於工作的激情，讓他們和客人形成良性互動。這樣的服務理念是餐廳主廚 Matt Abergel（1982- ）和當時的夫人兼合作夥伴 Lindsay Jang[2]（1982- ）提出來的。

Lindsay 是加拿大出生的二代華裔，從小混跡於父母開設的中餐館中，對餐飲業很小便有了一知半解。但對她服務理念影響最大的是當年在紐約 Nobu 57 的工作經歷，她將點滴心得進行了總結和昇華，逐漸形成了 Yardbird 的服務風格。

　　作為《紐約時報》曾經的三顆星餐廳 [3]，Nobu 57 是當時唯一不設白桌布，將用餐氛圍設置為輕鬆自在的高級餐廳。Lindsay 認為這樣輕鬆自在的服務是大部分食客喜愛的，服務員亦可在這樣的氛圍中獲得歸屬感。除此之外，Yardbird 亦將北美的小費文化帶入香港，不設服務費，鼓勵客人自願支付小費（並不強迫），而小費亦將成為員工收入的一部分。這與香港落入餐廳口袋的服務費截然不同，對員工的服務熱情自然是一種激勵。

　　我們研究了只有兩頁紙的菜單，除了二十多種燒鳥部位外，還有些開胃菜、熱菜及湯品，每個人依次點自己想吃的燒鳥，再加上一些分享的菜式就夠了。不過四年前（編按：即二〇一四年）已覺得 Yardbird 的燒鳥定價較高，每一串基本都是四十元港幣以上，因此看似休閒，吃起來人均也不會十分低廉。

　　Yardbird 的燒鳥分得很細緻，從胸肉腿肉，到軟骨翅尖，也有雞皮雞尾，以及各式內臟及肉丸子等，從切分的細緻程度而言並不輸於日本燒鳥名店。我們當日點了十來個部位，每一串都烤製得頗具水準，雞肉本身便很好，加上主廚 Matt 為一些部位搭配的香料，配上淡淡的炭火香氣，令人食慾大增。進店時還懷疑這樣嘈雜如酒吧的燒鳥店大概不會有什麼好的出品，沒想到燒鳥水準遠超預期。

　　這裡的雞心十分鮮美多汁，配上切碎的小蔥更添風味。據說

雞心是讓主廚 Matt 深深愛上燒鳥的一個部位。雞肉棒（つくね）配上生蛋黃香氣四溢，一口咬下去，雞肉、雞軟骨、洋蔥等原料與蛋黃糾纏在一起，令人一嚐難忘。紫蘇葉捲著酸梅（梅干し）和雞腿肉，烤製後清新開胃，腿肉本身鮮美，配上梅的淡淡酸味和紫蘇的清香後更是令人喜愛。

Yardbird 的串燒在日本燒鳥的基礎上進行了改良，後來又去了幾次，發現 Matt 在細節上做了諸多增進和創新。與日本燒鳥常見的白燒、醬燒或鹽燒不同，Yardbird 為很多部位搭配了不同的配料。例如剛才提到的小蔥配雞心；雞胸肉則配上醬油和山葵；雞裡脊肉（ささ身）配的是香橙皮和香橙汁水；雞頸肉搭配的是日本香橙青辣椒醬；而小腿肉則搭配了十分西方味覺的大蒜百里香醬。其他如七味粉（七味）、檸檬汁、山椒粉、脆蒜碎及薑汁亦在不同的雞肉部位上發揮了作用。

與傳統日本燒鳥突出雞肉原味的調味傾向不同，Yardbird 為每個部位預先確定了調味走向，味覺上雖保留了日本燒鳥的基本特點，但整體體驗已有了主廚濃厚的個人風格。

其他菜式更是融合了多地的烹飪特點，這是主廚多元文化背景的體現。玉米天婦羅日本料理中亦常見，Yardbird 的版本搭配黑胡椒，在香甜滾熱之外還有淡淡辣味，不會一路甜膩下去。這道菜廣受歡迎，據說一晚上要賣二百份左右。

所謂 KFC 即是英語韓式炸花菜（Korean Fried Cauliflower）的戲稱，花菜先用鹽水浸泡一小時，脫去多餘水分；之後用麵糊包裹，油炸後均勻沾上 KFC 醬汁。這醬汁裡有蒜瓣、韓國辣椒醬、味醂、糖及日本香橙辣椒醬，嚐上去頗有些韓國風情。一口

上｜雞心

下｜雞肉棒

雞肝醬配烤麵包

咬下，穿過香辣的醬汁和滾熱酥脆的麵糊，直至裡面軟嫩的花菜，令人大呼過癮。

　　當晚嗓子有些發炎，又吃了烤製的食物，還喝了些酒；加之餐廳吵鬧，聊天得扯著嗓子。這下可好，第二天直接失聲，扁桃體也化膿了，於是只能在家養病。因此我對 Yardbird 的初訪印象十分深刻。

　　食客也許會覺得為何一個加拿大籍以色列裔會在香港開日式燒鳥店，這聽上去真有些世界大融合的意思。其實若瞭解了主廚 Matt 的經歷，這事便順理成章了。

　　Matt 出生在加拿大阿爾伯塔省卡爾加里市（Calgary）。由於父母離異，父親搬回了以色列，因此小時候他放暑假便會和兄弟

一起去以色列與父親小住。他有六個姑姑，每週六家族聚會時，姑姑們會帶來拿手好菜，雞肉是其中的主要食材之一。而且聚會常進行燒烤，雖則以色列烤雞的方法與日本燒鳥不同，但對雞肉的熱愛彼時就已扎根在 Matt 心中。

Yardbird 有一道雞肝醬配烤牛奶麵包及炸蔥圈的前菜，頗有 Matt 童年的印記。雞肝與黃油、黑胡椒混合製成慕斯狀，配上大量切碎的小蔥，裝在玻璃瓶中，順滑香濃，沒有鵝肝般肥膩和突兀的氣味，配上烤得微焦的牛奶麵包和炸蔥圈，便成了一道美味的開胃小菜。這是一道完全不日式的菜，依稀可以看到主廚童年時家庭聚會的影子。

他十五歲開始在當地的餐廳和輪滑店（滾軸溜冰店）打工，那時便認識了未來的妻子和合作夥伴 Lindsay。十七歲時 Matt 靠打工攢了些錢，去日本、韓國和馬來西亞玩了一圈。在東京時他住在井之頭公園（井の頭公園）附近吉祥寺一帶，那裡有家燒鳥攤，他一到晚上便去那裡吃燒鳥，這是他與日本燒鳥的初次親密接觸。雖則他從小就吃雞肉，但在日本才吃到雞頸肉、雞尾肉和雞軟骨。

回到加拿大後，他繼續在各類餐廳打工，十九歲時來到溫哥華闖蕩，心中對於日本料理的興趣越發濃重，於是他加入了一家名為 Shiru-Bay 的居酒屋，跟著裡面的日本師傅學習一項項烹飪技法。一年夏天，已經在紐約工作的 Lindsay 來到 Shiru-Bay 做暑期工，她與 Matt 的友情在這個夏天中得到昇華。Matt 終於決定要搬去紐約和 Lindsay 一起打拚。

紐約有一家壽司名店叫做 Masa，主廚高山雅氏（1954- ）修

業於銀座壽司幸（銀座寿司幸），八十年代去美國西岸創業，二〇〇四年他將自己在洛杉磯的銀座壽司幸（Ginza Sushiko）轉手給副廚後，在紐約開了 Masa。《米其林指南》從二〇〇九年開始便一直給 Masa 三星認可。Matt 當年在紐約便投入了高山大將的門下。對於一個沒有系統性高級日本料理訓練的年輕廚師而言，Masa 的工作機會是相當難得的。

Matt 在 Masa 工作的幾年中迅速成長，在離開時他已經成為 Masa 的副手。很多年後他在接受採訪時說，日本廚房中每個人都清楚自己應該做什麼，不似西餐廚房有明確的層次劃分和職位分類，裡面常有明爭暗鬥；日本廚房好比一支軍隊，由被稱為大將的主廚帶領，每個人都向著一致的目標前進，員工的願景是一致的。這一文化對 Matt 的經營理念亦產生了極大的影響，可以說為 Yardbird 的風格奠定了基礎。

由於高山大將愛吃燒鳥，因此他們的週六夜宵常是燒鳥。他們從布魯克林的佩拉兄弟肉舖（La Pera Brothers）買生雞，親自分割組裝、親自燒烤，在準備夜宵的過程中，Matt 對燒鳥的認知進一步加深。週日的時候，Matt 和 Lindsay 常去鳥人（Yakitori Totto）吃飯，從那時起 Yardbird 的構想便已經開始孕育。

後來 Lindsay 懷孕，他們開始嚴肅思考未來的生活軌道。紐約的鳥心（Tori Shin）剛開業時，Matt 跳槽去了那裡，在鳥心的工作使他終於下定決心要把烹飪的重點放在燒鳥上。

當他們第一個女兒出生時，人生道路的選擇再度放在他們面前，最終 Matt 選擇來到香港擔任 Zuma 的行政主廚。在 Zuma 的兩年，Matt 系統性地接觸了眾多食材供應商，也意識

到香港餐飲界的一些奇怪理念和弊端。比如 Zuma 熱衷於進口食材，只不過是因為「進口」二字聽上去更高級，這一毛病至今仍可在很多香港餐廳上發現。

在 Zuma 的兩年間，Matt 開始接觸一些本地的食材供應商，這其中便有做活禽生意的源利合和。合和經營的本地三黃雞健康足齡，肉質飽滿，在品嚐過多個供應商的雞肉後，Matt 覺得合和的三黃雞是最優秀的。Yardbird 自開業以來便一直與合和保持合作關係，如今一天要消耗五十隻雞以上。

雞肉是最主要的食材，但離開炭火便難成燒鳥。香港對餐廳消防要求頗高，因此燒鳥、燒肉店考慮消防設計成本，多以電烤爐為主，用炭火烤製的餐廳極少，Yardbird 是其中為數不多的一家。他們選用的是中國產的備長炭，該炭以粗壯橡木燒成，品質不差於日本產的備長炭，Matt 不以出處論英雄的價值觀在此亦有體現。備長炭升溫較慢，因此每天下午四點十五分準備工作就要開始了，大約一個小時後烤製工作才可以進行。

炭和雞肉都準備好了，只差烤爐。Yardbird 的烤爐訂購自東京廚具名店釜淺商店，Matt 根據以往經驗對烤爐做了一些個人設計，他在炭槽下方設計了幾個儲水的抽屜，一方面可以給乾燥的炭火增加少許蒸汽；另一方面亦可防止雞油板結導致火花躥升。

Matt 和 Lindsay 並不是要開一家傳統的日式燒鳥店，因此餐廳的裝修和桌椅必須與這一理念一致。在偶然的機會下，Matt 發現 Sean Dix 設計的傢具非常符合他對餐廳桌椅的設想。肖恩亦旅居香港，兩個人一拍即合：Matt 推掉了已經下了訂金

的 Friso Kramer[4] 設計的椅子，決定讓 Sean 為 Yardbird 設計專屬的椅子並全權負責餐廳內裝。

天時地利人和，二〇一一年 Yardbird 在必列者士街開幕，一時間成為城內熱議的餐廳，無論是充滿創意的食物，亦或帶有先鋒性質的服務風格，還是獨特的經營理念，都讓 Yardbird 成為了香港餐飲圈令人矚目的焦點。一時間褒貶不一，泥石俱下，但 Matt 和 Lindsay 沒有動搖自己的理想。

許多年過去了，Yardbird 搬到了永樂街新址，面積是先前的兩倍多，除了吧檯和 Yardbird 高腳凳[5] 座位外，還增設了卡座。但晚餐時間依舊人滿為患，需要排隊等待。時間證明 Yardbird 是家成功的餐廳，而且是香港無數成功餐廳中非常簡單直白的一家。

Yardbird 之後，Matt 又在九如坊開了一家隱秘的威士忌吧兼割烹餐廳，風格上有日本割烹（Kappou）痕跡，但整體感受則好似穿越去了曼哈頓中城，是十分有趣的體驗。除卻餐廳之外，Matt 和 Lindsay 還自己製作威士忌和清酒，同時亦售賣 Yardbird 的周邊，幾年過去，一個小小的理想如今已發展壯大成為一個引人注目的餐飲商業集團。

全球化的背景下，諸多地域特色濃郁的飲食門類在各地發展和交互傳播的過程中發生新的變化，這是一個越來越顯著的現象。香港作為一個海納百川的多元文化城市，世界各地的菜系在這裡落地生根、交融演化。有秉承傳統者，亦有很多創新融合的先鋒實驗。

Yardbird 便是飲食文化傳播交融的極好例證，兩個來自不

同文化背景的加拿大二代移民，在各地打拚遊歷後，扎根於全然陌生的香港，實現了自己心目中的燒鳥餐廳夢，這個故事的有趣程度不輸於 Yardbird 的燒鳥本身。

或許有衛道士認為他們的燒鳥並不「正宗」，但飲食者皆有傳承而無正宗，某種程度上打破砂鍋問到底，誰都曾經當過離經叛道者。我頗不喜歡用「正宗」二字評判食物，飲食上不應持有意識形態的原教旨主義。任何菜系的流變只要傳承與創新並重，變化與不變合理取捨，則可。

拋下對燒鳥意識形態的執著，與朋友在下班後來 Yardbird 混上兩小時，吃些小菜烤串，喝些酒，還是一件頗愜意的事情。

註

1. 寫於二〇一八年十一月十二至十八日；基於多次拜訪；寫作前一次拜訪於二〇一七年十二月。
2. 兩人目前依舊是合作夥伴。
3. 《紐約時報》的餐廳評價體系分為八級，從莫名其妙（Not Related）開始，往上依次為差（Poor）、尚可（Fair）、差強人意（Satisfactory）、一顆星好（Good）、兩顆星非常好（Very Good）、三顆星優秀（Excellent）及四顆星超凡（Extraordinary）。
4. Friso Kramer（1922-2019）：荷蘭著名設計師。
5. Sean Dix 為 Yardbird 專門設計的一種高腳凳。

傍晚天空中的懷石料理 [1]

天空龍吟

日本料理精華之處在於其極簡，極簡因而仰仗食材的新鮮和廚師動作的精確性。

　　前幾日看了一部短短的紀錄片，叫做《兩個日本料理人》，講的並非什麼年逾古稀的廚神，而是兩位正值壯年的名廚——山本征治（1970-　）與奧田透（1969-　）。兩人一個善於創新，一個善於守成，代表了兩類名廚。當年奧田透為了去四國德島的著名料亭古今青柳（二〇一四年結業，主廚小山裕久在東京港區開了東京青柳）學藝，情願先作為司機留下。而天賦滿滿的山本征治則已先他一步做起了學徒。由此說來，山本是奧田透的師兄。

　　有趣的是，當年奧田透的餐廳銀座小十在《米其林指南》進入日本的第一年便獲得了三星榮譽，而山本的六本木龍吟卻只拿了二星。當然後來龍吟勝利居上，銀座小十卻在二〇一五年掉了

一顆星。但榮耀本是身外物，烹飪作為最直接觸及人類感官的藝術，不須太多外在的評價，唯有廚師與食客之間通過菜品的交流才是最準確無誤。一道菜感動了我便是上品，這是我的美食觀。

龍吟二〇一二年在香港開設了第一間海外分店，三年間東京之外，僅此一家分號[2]。而且與六本木本店地舖相比，香港的天空龍吟所處的位置霸氣十足──環球貿易廣場（ICC）一百零一樓，確實稱得上「天空」二字。但這位置有利也有弊，我去過兩次天空龍吟，正好一次晴天一次陰天。晴朗時傍晚的餘暉照射著大海，港島上的高樓大廈在霞光中顯出豐富的色彩層次；晚霞的光輝與餐廳中的原木桌椅十分合襯，讓人覺得寧靜悠遠。陰天的時候可就糟糕了，大玻璃窗望出去一片白茫茫，好似磨砂一樣，實在令人鬱悶。雖然食物的味道並不會因為天氣而發生實質性的變化，但人的心情卻會受此影響，因此將餐廳置於如此高空中似乎也需要承擔食客情緒因天氣變化而波動的風險。

關於「龍吟」二字的典故，山本解說道，這是他在一本禪書中看到的，意思是說「下定決心的勇士一旦付諸行動，同志們將產生共鳴，聚集一堂……」。這好比是廚房合作的隱喻，大廚沒法單槍匹馬戰鬥，沒有其他廚師的一同努力，大廚的各種理念也未必能盡得施展。

山本征治是一個熱愛革新的廚師，龍吟便是在傳統懷石料理的基礎上進行創新的產物。但正如其在六本木龍吟網站上所傳遞的，烹飪的革新是讓食材本身最鮮美的特質表現出來，讓食客在享受的過程中體會日本豐饒的物產。這樣一來，烹飪便有了很大的家國責任。將分店開到海外，每一道菜便成了家國的象徵，廚

師的每一次烹飪都是充滿使命感的演出。從這個角度去想的話，中國廚師在這方面確實做得很不夠。天空龍吟的正副主廚佐藤秀明[3]和關秀道皆是山本的愛徒，這海外第一役打得不錯，自開業以來便一直蟬聯米其林二星。自二〇一四年起便入選了「亞洲50最佳餐廳」（第五十名），二〇一五年跳升至二十四名。

香港本地物產不算豐腴，除卻海鮮外，其餘農產品大部分均需進口。因此天空龍吟的食材都是每日從日本空運而來。這一點和臺北的祥雲龍吟很不一樣。山本在祥雲龍吟做了新的嘗試，即是將日本食材與本土食材結合，讓日本料理生根於當地的自然物產中。

來香港之前，我便在網上看過龍吟的一些料理視頻，讓我印象最深的便是 -196℃~+99℃的草莓甜品（二〇一一年菜品）。一顆顆草莓在好幾輪的分解重組之後，再度恢復原形，但其本身已經成了吹糖、草莓粉末及果醬的組合。

搬來香港後，發現原來六本木龍吟於二〇一二年在香港開了分店。後來便找到機會跑去吃了。第一次是去年（編按：即二〇一四年）九月間，我剛從臺灣旅行回來。那天天氣晴朗，坐在靠窗的位置上，望出去簡直美不勝收；第二次是今年（編按：即二〇一五年）三月，陰雨綿綿，一上到高層窗外便全是雲霧，完全看不到一絲香港的夜景。但我一向是專注於食物的人，因此從感受上而言，兩次體驗對我而言都不錯，只不過似乎料理上來講，第一次更合我意。兩次品嚐時隔半年，天空龍吟的品質還是非常穩定的。

龍吟雖然給人一種創新的印象，但其創新的目的僅是將最當

季的食材完美呈現而已，是用新的手法去輔助食材發揮其最極致的味道。日本料理在我看來，精華之處在於其極簡，極簡因而仰仗食材的新鮮和廚師動作的精確性，同時極簡的料理手法又不破壞食材原有的鮮美，將一層層清新淡雅的味道搭配得層次分明。這是十分高明的手法。正因為不追求烹飪的繁瑣，所以料理的高低很容易體現出來。例如兩次的椀物便有差別，第一次是炭燒喜知次魚佐夜茉莉、冬瓜及阿嘉島茄子，雖然喜知次魚油脂豐富，但組合後出汁毫無油膩，清甜美味；第二次是炭燒白甘鯛清湯佐日本下仁田青蒜，出汁裡泛著少許油光。每一道料理好比藝術品，即使整體水準很好，但依舊能從中分出些高下。

天空龍吟的菜單基本每月都會有所更新，料理的節奏配合著自然節氣的更替，而不做人為的逆轉。這不是日本料理獨有的，一切烹調如果違逆節氣，不僅難以呈現最佳的味道，對食客的健康亦無益處。中餐亦是如此，一間餐廳如果菜單特別厚實，裡面足有幾百個菜式，那我就要擔心起食材的新鮮度及應季性了。菜單絕不是越厚越好，很多時候一個訂制套餐就夠了。料理是廚師與食客內心交流的藝術，一本厚菜單使得廚師成了苦力，菜裡也就少了靈氣。

秋季去天空龍吟時，趕上了吉拉多（Gillardeau）生蠔的時節，彼時的主廚佐藤秀明將肥瘦不同的兩片和牛薄片與生蠔結合在一起，配以塊根芹醬汁。一前一後兩塊不同的和牛與生蠔結合在一起，各自產生反應，煥發出全然不同的味道。一塊香醇厚重，一塊清爽勁道，蠔肉的味道在和牛肉中散開，塊根芹再加入其中，海洋與土地的美景呈現在腦海中，不禁讓人聯想如此美味

食材的產地究竟是什麼樣的呢[4]。

　　山本征治很喜歡大塊頭的鰻魚及河豚。很多料理店據說都不喜歡個頭太大的鰻魚，因其皮脂太厚不宜料理，而山本卻認為大魚風味濃郁，更容易體現出魚的層次感。冬春二季六本木龍吟還有河豚套餐，可惜因香港禁止售賣河豚，天空龍吟並沒有相應的套餐。看網站的介紹說，山本選擇都是四公斤以上的河豚，這簡直跟我家的兔子一樣重了。《兩個日本料理人》中，山本與奧田討論了改進烤鰻魚製作方法的可能性。山本認為稍微蒸製之後再用備長炭烤製更為美味，但奧田在實驗後還是選擇延續傳統關西技法。不知道天空龍吟的烤鰻魚用的是哪種方法，但從口感而言，確乎比關西烤鰻魚更為軟嫩，但失了些勁道。

　　天空龍吟的鮑魚飯雖然不敵志魂壽司的鮑魚肝醬汁飯來得驚豔，但也令人食慾大振。初夏和秋天是鮑魚當造，所謂「七月流霞鮑魚肥」，秋季鮑魚自然肥美。天空龍吟以整隻蝦夷鮑魚燉煮後，與鮑魚汁一道蓋於香菇米飯上。爽口的鮑魚配以醇香撲鼻的米飯，使得我雖然前面已經吃了七道菜，依舊狼吞虎嚥。

　　而春季唱主調的則是甘鯛和金目鯛了，椀物是白甘鯛，主菜除了和牛外，亦有一道非常有趣的金目鯛。這金目鯛不是單純以備長炭烤製而已，它外面還包裹了一層脆米，也用炭火烤得金燦燦。一入口脆米的酥脆焦香與魚肉的溫潤多汁形成鮮明對比，繼而在口中相結合，帶來難忘的味覺體驗。

　　春季的鮑魚便沒法當主角了，只能在前菜中與北極貝為伍佐上西柚雪葩為食客開胃而已。春天自然少不了櫻花，飯中的醬菜是用櫻花葉包裹醃製的，透著淡淡的清香。這茶飯也是櫻花泡

上｜炭烤喜知次魚佐夜茉莉冬瓜及阿嘉島茄子

下｜烤金目鯛配脆米

的，而上頭鋪的是香脆的櫻花蝦。滿眼的春色，滿口的春味，香氣撲鼻。

總體而言，我還是更喜歡豐饒的秋季，因這是收穫的季節，無論是陸地上還是海裡，都是一年最豐饒的時候。因此食材的飽滿度和豐富度都比春季好。春季是萬物復蘇的時節，雖然大地回春，野菜甚佳，而各路鮮花也開始準備迎接初夏，但在物產上似乎總還不夠豐裕。

說了好一會兒菜式，其實最為有趣的部分還沒講到。開頭我便說，當初我知道龍吟這家餐廳，便是因為一道草莓甜品[5]。雖然在天空龍吟兩次都未吃到草莓，但每次甜品都是按照相似的方法製作的。秋天的時候是 -196℃的桃子糖果配 +99℃的桃子果醬，而春天配的則是 -196℃的蜜柑糖果配 +99℃的蜜柑果醬。其實九月已是蜜桃的尾聲，而三月亦是蜜柑的尾聲了吧？其實今年三月去時，我以為一定會是草莓甜品的，結果竟然是蜜柑。而且說實話，蜜柑的皮是很難用吹糖技術複製出來的，因此看上去像是一個金蘋果。反倒是桃子卻做得惟妙惟肖，表皮上微微的白霜恰似桃毛。桃子顏色的遞進也是惟妙惟肖。可惜這絕妙的藝術品，在品嚐時是要一勺子敲碎的，然後再配以滾熱的果醬，真可謂是冰火兩重天。

前面一直說的是味道，但是天空龍吟的食物提供的是多維的享受。首先是視覺上的衝擊，一道道如藝術品一般的料理，擺盤簡潔舒暢，自然而不造作。最誇張的擺盤也就是將木炭當盤，放置著香脆海苔包裹的北海道海膽。其餘的擺盤都是以食物為中心，簡潔明瞭，卻顯出一股靜謐之美。其次便是嗅覺，熱菜上來

桃子糖果配果醬

時便先聞其氣味，再嚐其味道，這是一個完整的過程。最後才是品嚐，服務員一般會建議食客按什麼順序品嚐，這是廚師對食材的一個理解，我個人認為還是應該尊重的。好酒不可牛飲，美食不可虎咽，否則就成豬八戒吃人參果了。

我雖然出去吃飯都會拍個照，但速度極快，因此不至於浪費太多時間在拍照上。六本木龍吟的網站上花了不少的篇幅來勸誡食客不要花太多時間拍照，否則隨著時間的流逝，菜品的味道也會慢慢打折扣。上菜的時候是品嚐的最佳時機，這就跟坐在壽司檯吃手握壽司一般：菜剛製成時，便是最佳品嚐時間，等氣味消散，溫度下降，便失去了體會廚師意圖的最好機會。

懷石料理一汁三菜，上菜順序亦有規矩，先附、八寸、向

付、蓋物、燒物、酢肴、冷缽、強肴、饗飯、香物、止椀、水物，名目繁多。但新派懷石則給了廚師更多的發揮空間，天空龍吟是典型的新派懷石餐廳，並不拘泥於傳統懷石的套路；天空龍吟連筷子都改為豎放。在烹飪上也是運用了很多當代料理方式。雖然所有菜式均追求將食材原味以最佳方式呈現給食客，但有些菜式料理手法的複雜令人震驚。在一道道波瀾不驚的菜式背後，隱藏的是廚師們的心血。六本木龍吟每天凌晨一點才打烊，這之後山本征治才有時間研究新菜式及改良料理手法。這樣的工作強度簡直堪比投資銀行。

　　無論是食材的把控還是廚師在烹飪上花費的心血，好的餐廳都是對得起食客的錢包的。人生在世，一期一會，若能心平氣和品嚐人間美味，夫復何求？

註

1. 寫於二〇一五年五月十七至十九日；寫作前一次拜訪於二〇一五年三月。本篇寫作時間較早，寫完後我又拜訪了天空龍吟很多次。關秀道主廚的烹飪理念開始逐漸解放，天空龍吟有了更多的個性。天空龍吟已結業。
2. 龍吟於二〇一四年十一月在臺北新開了一家分店，取名「祥雲龍吟」。目前龍吟共有三家店，東京的龍吟本店、香港的天空龍吟及臺北的祥雲龍吟。三家店中，臺北店人均消費（六千五元台幣）是最低的，東京本店（本文寫作尚在六本木，時價為二萬七千日元左右，現位於日比谷，定價四萬日元左右）最貴，香港店（二千三百元港幣）居中，以上均未計服務費及稅金。物價為寫作時。
3. 佐藤秀明於二〇一五年獨立，現為 Ta Vie 旅的主廚。
4. 這道菜被佐藤秀明帶去了 Ta Vie 旅，取名「超現實主義」。
5. 龍吟已不再製作水果糖甜品，但可以提前要求，或許可以滿足食客。

巷深酒香 [1]

Godenya

五嶋慎也從不好為人師，他是一位分享者，向食客推介自己祖國的酒文化。

　　第一次聽說 Godenya 已是在它開業一年有餘的時候了，可見這餐廳不是一般得低調。某日閒來無事，刷了刷社交網絡，看到有人發了相片和定位，才發現原來還有這麼一家餐廳存在。剛開業時它沒做什麼宣傳，甚至連香港的餐廳點評網站都沒有登錄。更要命的是預約還需要知道預約碼，不然就只能吃閉門羹。這手法實在是很日本了，畢竟全日本多少高級餐廳都搞熟客制、會員制。但既然開來了香港，便要走些入鄉隨俗的路子，這所謂預約碼原來就在他們的臉書頁面上，你若留心了，就能發現。

　　雖然我酒精過敏，平日吃飯除了若干品牌的香檳外，幾乎滴酒不沾。但 Godenya 的理念卻十分吸引我，不管三七二十一，還是決定要去一探究竟。它是一家以菜配清酒，突出清酒主角地位

的割烹店。店主五嶋慎也（1980- ）根據不同酒的品性和每日菜品的特點，將每款清酒加熱到不同溫度飲用，即所謂「燗酒」是也。這個「燗」字古與「爛」通，從火，乃熟之意；在日語裡則專指對清酒進行加熱，但通過往清酒內添加熱水來提升酒的溫度的做法則不叫燗酒。

燗酒只是一個統稱，根據溫度的不同在日語裡還有不同稱謂，比如五度左右的叫做「雪冷」；十度左右的叫「花冷」；三十三度左右的叫做「日向燗」；三十七度左右的叫做「人肌燗」；四十五度左右的叫做「上燗」；五十度左右的叫做「熱燗」等等。

對清酒進行加熱再飲用的做法並不是 Godenya 獨門首創，而是古已有之的。東京一些餐廳亦會提供熱清酒，比如我十分喜歡的すし喜邑（Sushi Kimura）即是一例，木村師傅會將店裡提供的幾款清酒加熱到不同溫度提供給顧客。但專門為清酒設計一套割烹菜單，讓清酒站在舞臺正中央的餐廳則極少，Godenya 至少在香港是開了風氣之先河。

若要追根溯源，Godenya 的歷史可回溯到五嶋慎也於二〇一一年十一月開在東京押上地區的ごでん屋（Godenya），當時五嶋師傅年僅三十一歲。他對清酒可謂癡狂，大學時期就寫作了《日本酒的海外消費量研究》（《海外での日本酒消費量の研究》[2]），據說在長達八年時間裡，這論文都是清酒海外市場主題搜索率最高的一篇。畢業後在對清酒的熱愛之驅使下，他徹底投入了推廣清酒和研究清酒與食物搭配的工作中。二〇一三年，Godenya 搬到了東京京島的一座有八十多年歷史的長屋中。以菜

配酒、搭配不同品種不同溫度的清酒，這幾個經營特徵在當時已經形成。

二〇一五年六月，經過深思熟慮後，五嶋慎也決定將Godenya 搬來香港。因其發現香港清酒消費量逐年遞增得很快，可見本地食客及遊客對日本酒的需求很大。加之傳播清酒文化，需要走出國境才能達到更好的效果。從此之後，中環九如坊的僻靜小巷子裡就多了一家別樣的割烹店。

首次拜訪時，差點因為找不到具體位置而遲到。餐廳官網寫的地址是威靈頓街一八二號地舖，可到了威靈頓街根本找不到。上到九如坊，來來去去在街面都走了好幾次，才發現巷口那家越南米粉店旁有條極小極暗的巷子。來回進出巷子幾次也未見一塊招牌，後來仔細看牆面才發現一堵灰突突的水泥牆上有一白底黑字的小招牌，寫著ごでんや（Godenya）四個片假名。如果不認識片假名，估計還得拿出手機對照一番才敢進門。

進了餐廳，五嶋慎也師傅已經站在吧檯前歡迎客人。吧檯擠一擠可以坐八人，旁邊還有一張兩人小桌，餐廳內進還有間最多可坐八人的包廂，所以滿打滿算一天也只能接待十八人而已。餐廳內部的環境與正門一樣樸素，水泥牆面未加修飾，頂上換氣系統都暴露在賓客面前。愛之者覺得有一種未經修飾的粗獷美感；但也難免有人覺得環境不夠華美。在一片未事雕琢的環境中，原木吧檯倒是精心製作，清清爽爽。

五嶋慎也師傅十分清瘦，一雙鷹眼炯炯有神。他的右手邊有一個巨大的平底開口大鍋，裡面裝的是熱水，熱水中立著一個個陶罐，這些便是正在加熱的清酒了。每一個陶罐都不同，有些形

狀亦不規整，一看便知不是批量生產的工業品。後來知道五嶋慎也師傅有時候還會邀請一些日本的陶藝師來 Godenya 舉行展覽，美食配美器，美酒也需要有適當的器皿相配。

與一般割烹店不同，清酒是 Godenya 的主角，因此這裡的板前是清酒加熱檯及講解檯，菜式的烹飪完全在後廚進行。五嶋慎也只負責清酒的搭配和處理，菜品烹飪由他的弟弟負責，不過廚師從不露面，將舞臺的中心自始至終都讓給每晚登場的七至八種清酒。

Godenya 的料理追求天然平衡，儘量不用化學調味料，因人工鮮味素太過強勢會影響食客對清酒細膩鮮甜味道的品嚐。也是出於這個考慮，Godenya 的選酒基本是純米酒，基本沒有本釀酒，因本釀酒中除了米和米麴外還添加了白米總重量 10% 以內的釀造酒精。

餐單通常由九道菜組成，每道菜都會搭配一款清酒。菜單上列明每道菜的主要食材和所配清酒的酒造名、品種、產地、出廠年份及飲用溫度，令食客一目了然。為了凸顯出每一款清酒的特色，搭配的菜品並不嚴格按照日本割烹的套路走，一些菜式具有明顯的融合色彩。比如第一次去時，搭配攝氏十二度雁木氣泡生酒的是蜜瓜、青瓜、泰國柳丁、水牛芝士及西班牙火腿組成的一道涼菜。四種食材挖成球狀置於薄切火腿上，碗中還有混合的水果汁水，點綴以蔓紫花，給人一種十分清爽甜蜜的感覺，與雁木微微帶氣的純淨質感可謂絕配。

再比如幾乎每次去都有的鮑魚燉飯，芝士香氣明顯，手法是西式的，但所搭配的鮑魚肝醬則是日本風情，兩者結合在一起倒

上｜宗玄純米生酒，攝氏四十三度。

下｜鮑魚燉飯

上｜長珍純米吟釀，攝氏十四度。

下｜金目鯛、鯡魚魚籽、茄子及高湯果凍

也相得益彰。不過有時候芝士的香氣太重，蓋過了鮑魚肝醬，就有些美中不足。這道菜一般用來搭配宗玄的純米生酒，溫度則在攝氏四十三度。這款酒的精米步合是 65%，酒精度數為 16.8%，加熱後入口稍熱，但熱氣入口散開，滋潤口腔，反而給人一種溫潤感。清酒被加熱後更能激發鮑魚燉飯的濃郁香氣，兩者在口中結合令飯和清酒都更添滋味。

我對愛知縣的長珍這個酒造並不陌生，前文提到的すし喜邑便常備有長珍的純米吟釀；喜邑的主廚木村師傅認為清酒加熱到適當溫度飲用才能完全釋放其魅力。第一次去 Godenya 遇到長珍搭配的金目鯛，五嶋慎也師傅僅稍稍加熱了這款酒，飲用溫度是攝氏十四度，略高於儲藏溫度而已。金目鯛的表皮稍微炙烤過，配上鯡魚魚籽、茄子及日本高湯製成的果凍，清爽而鮮美。長珍酒造用的是木曾三川的潛水，屬於礦物質較多的硬水，釀造出來的清酒味道濃郁扎實；和菜肴搭配在一起給人一種銳利鮮明的食感，令人眼前一亮。

若在差不多季節去，總難免遇到相似的食材，但做法卻可能完全不同。其所搭配的清酒則可能是一樣的，說明同一種清酒的不同特質在搭配同一食材的不同做法時才能逐層顯現。比如螢光魷魚是春季常見食材，兩年間春天拜訪時都出現了這一食材，而搭配的清酒都是靜岡縣產的開運，飲用溫度均為攝氏十三度。開運的純米生酒以高天神城跡的超軟水釀造，酒精度數不高，入口輕盈爽快，甜度和酸度十分平衡。其搭配的菜有一次是煙熏過的螢光魷魚配筍及山椒嫩葉（木の芽）味噌，是一道味道十分濃郁、層次感鮮明的菜式。山椒嫩葉味噌的香氣和淡淡麻痹感在口

上｜靜岡縣產的開運，攝氏十三度。

下｜螢光魷魚、赤貝、百合根、白味噌配木之芽

中迅速蔓延，開運很好地平衡了這道個性鮮明的菜式。後來再遇到這款酒時，搭配物件改為了以白味噌調味，配以赤貝、百合根和山椒嫩葉的螢光魷魚，這時開運的淡淡辛口特色開始顯現，給人一種春雨潤無聲之感。

五嶋慎也加熱清酒一般不會超過攝氏四十八度，也就是所謂「熱燗」狀態。不過他並不反對將一些酒加熱到更高的溫度，因其認為加熱到一定溫度後清酒的甜度和酸度都將變得更為柔和，兩者亦將更平衡。一般搭配主菜的清酒會加熱到較高的溫度，以搭配主菜較高的溫度和豐富的油脂。比如以日本真鱸、海膽及賀茂茄子為主菜時，搭配了埼玉縣神龜（神亀）的純米酒，溫度為攝氏四十八度。神龜所用的水為秩父山系荒山的潛水，水質較硬；且為兩年的熟成酒，味道渾厚純潤，適合溫熱引用。搭配油脂豐富的烤魚及綿密濃郁的海膽醬汁十分合適。

清酒在最近十年迎來了大發展的時期，海外消費量大增，許多酒造產量稀少的品種被吹捧到高價地位。世界各地不少高級餐廳都逐漸將清酒納入自己龐大的酒單體系中，而 WSET 亦順應潮流開設了清酒課程。除了各地酒造杜氏[3]們的努力外，千萬個如五嶋慎也般熱愛清酒、願意奉獻一生去推廣清酒文化之士的努力亦十分重要。

Godenya 不是清酒課堂，五嶋慎也從不好為人師，他是一位分享者，向食客推介自己祖國的酒文化。他對酒的介紹或繁或簡，全視乎食客的興趣和狀態而定。在這裡用餐，可謂打開了一扇瞭解日本清酒文化的小窗，食客們可以在晚餐後關上這窗戶不再探索；亦可繼續保持對清酒的好奇和求知慾，一切都順其自然。

最近二十餘年，日本飲食文化成為一股席捲全球的浪潮，對全球餐飲業產生了深刻的影響。回頭觀望中國的飲食文化，卻唯獨缺少一批願意去細心梳理、書寫、傳承和分享的人。許多優秀的菜式在歷史長河中失傳，許多優質的中國酒亦在無人問津中凋零。比如黃酒的衰敗一直是我十分痛心的，優質的黃酒溫潤平衡，芬芳撲鼻，雅致婉柔，令人一喝難忘，是真正的高級中國酒。但如今黃酒遭人冷落，無人整理推廣，酒廠亦蕭條落寞。日本清酒與中國黃酒的兩種際遇的對比令人深思！

註

1. 寫於二〇一九年四月二十二日至五月五日；基於多次拜訪；寫作前一次拜訪於二〇一八年四月。
2. 餐廳官網簡介中將此論文題目翻譯為《清酒境外消費的研究》。平成十六年（二〇〇四年）一月十三日提交，指導老師小出義夫。
3. 杜氏是日本對負責釀酒之人的尊稱，名稱從中國傳說中酒的發明者杜康而來。

威士忌吧中的
美式割烹 [1]

RŌNIN

　　標題落筆便不想改動，但仔細一想，RŌNIN 似乎是家餐廳，而不是威士忌吧。餐廳中日本酒供應豐富，威士忌、梅酒、日本燒酒（燒酎）和清酒種類超過一百種，其中尤以威士忌品類繁多為特色。加之餐廳格局狹長，配以滿是酒瓶的吧檯和沿牆長條檯，更讓人覺得是個酒吧，而非吃飯的去處。

　　不過創始人 Matt Abergel 和 Lindsay Jang 開門見山地指出，很難定義 RŌNIN 是什麼，不過可以指出它不是什麼，它不是壽司店、不做燒鳥，更不單單是間酒吧，歸根結底它是一家沒有明確定義的、以海鮮為主要食材的餐廳。客人可以提前預訂位置，單點些菜式，也可慢慢品嚐十道菜的「市場品嚐菜單」（Market

Tasting Menu），亦可在飯前或飯後臨時造訪，喝點酒，吃點小菜，然後再去下一個目的地。這裡的氛圍十分輕鬆自在，與其姐妹店 Yardbird 一般，不按套路出牌。

Matt 與 Lindsay 的故事已在 Yardbird 食記裡談過，RŌNIN 屬於一段旁支插曲。他們在二〇一一年成功開設 Yardbird 後，Matt 一直想開家以和食為基礎，又融入異域風情的休閒餐廳。他當年在紐約 Masa 的修業經歷，給予了他許多處理和烹飪海鮮的知識和靈感，而香港無論是本港漁獲亦或日本進口都十分豐富便捷，是實現這一餐飲理想的好地方。於是二〇一三年他們在安和里找到了一個小店面，開設了這家名為 RŌNIN 的餐廳。食客看餐廳名的第一反應以為是取「浪人」之意，其實餐廳取名自他倆的小兒子。

初來香港時，就注意到了 RŌNIN，但他們當時只接受郵件預約，心裡覺得麻煩就一直未拜訪。雖然餐廳接受無預約的客人，但若要等位排隊亦不划算。後來有一次朋友提議去嘗試下，我提出如果她搞定預約我就去，於是在某個夏日傍晚我第一次拜訪了 RŌNIN。

RŌNIN 隱藏在與九如坊垂直的安和里中，一堵灰黑色牆壁上開著小小一個門臉，毫無標誌或招牌。按照谷歌地圖走到附近，我們就茫然了，定位游標原地打轉，卻怎麼也找不到餐廳的痕跡。直到來回走了幾次才覺得應該是在這道灰黑牆壁裡面，於是嘗試著按了下門口的開關，終於走進了狹長的餐廳之中。

如同 Yardbird，這裡的服務員以具有國際文化背景的年輕人為主。預設的語言是英語，想必大部分服務員也會講粵語，普通

話則難以保證了。甫一坐下，服務員便興奮地和我們打招呼，並介紹了一下菜單結構。我們的情緒很快被服務員們調動起來，絲毫沒有了初次拜訪的拘束感。

幕後主理人 Matt 並無日本修業背景，在紐約的日料店中摸爬滾打多年，與在日本名店修業是兩種截然不同的路徑。後者更具系統性，但修業時間漫長，且思路可能會被正統手法限制；前者雖在保守食客看來有些「野路子」的意思，卻可能無意中打開廚師看待日本料理的另一種思路和角度。因此不必期待 RŌNIN 會提供傳統正宗的和食，這裡的菜品都是解構及融合的。暫時放下心中的芥蒂，擁抱主廚的想像力，為自己的味蕾留一些驚喜。

初訪後覺得不少菜品都十分美味，與純粹的和食相比，多了許多討巧的味覺組合和味蕾體驗，於是列入了重訪名單中。後來餐廳有了網絡預訂系統，訂位變得十分簡單便捷，掃除了一大拜訪的障礙。加之二〇一七年和二〇一八年都入選了「亞洲 50 最佳餐廳」榜單，填補了之前 Yardbird 丟失的席位，於是餐廳逐漸變得熱門起來。

我來這裡都直接選擇市場品嚐菜單，省卻了一道道選擇的精力和時間，亦可讓用餐過程有些驚喜。有些菜式屬於招牌保留菜，且季節性不明顯，因此每次都可以吃到。比如解構版的「壽喜燒」一般每日都有，將鹿兒島的和牛薄切微涮，配以壽喜燒醬汁，加上蔥絲、舞茸和蛋黃，攪拌在一起後食用，別有一番趣味。還有作為主食的小份鰻魚飯，亦是品嚐菜單的保留專案之一。鰻魚烤製得軟糯鮮美，米飯充分入味；漬物則藏在鰻魚下面，酸甜可口，十分開胃。

吧檯

　　RŌNIN 的菜品雖有著濃重的日本風情，但它骨子裡透露的是一種文化衝撞、烹飪融合下的都市味道。進入 RŌNIN 的空間，便好像走進了紐約中城的一家休閑小酒館，門外邊嘈雜市井的中上環瞬間消失，食客暫時迷失在昏黃的燈光、熱情的服務和充滿東西方融合風情的菜品之中。

　　一般和食店刺身菜式都較為簡單，優質食材配以少許芥末或蘿蔔，蘸酸汁或醬油食用，任食材本身說話。而 RŌNIN 的主廚頗喜歡在刺身上做些小搭配，一則可令不常吃刺身的食客多些緩衝空間；二則即使食材不是頂級貨，亦可平衡味道，取得較好的食用效果。布列塔尼的生蠔配上紫蘇碎冰，清爽宜人，海水味與紫蘇味互為輔助，食後口腔留有清甜回味。秋田縣的縣魚日本叉

上 | 刺身拼盤

下 | 壽喜燒

牙魚（鱲）配上蘿蔔泥，鯖魚熏製後用柿子片夾著食用，鯛魚片配上烏魚子碎末等等，為魚肉本身增添了額外的風味。不過單純只想品嚐每種魚本身味道的食客就要感到失望了。

將海膽與玉米碎、紫菜碎及少許香橙皮末混合在一起，是一種有和食風情，卻又脫離框架的組合。諸如此類跨界混搭在 RŌNIN 屬於常態。比如用橘皮水浸泡鮮筍，然後再進行烤製，配以山椒葉，使得筍塊有了淡淡的酸味，呈現出一種鮮嫩以外的味覺體驗。

一些看似十分日本的菜品也進行了細節上的改動。比如天婦羅星鰻，麵糊配比上就不同於傳統的江戶前手法。麵糊炸製後變得更為輕薄，炸製的溫度亦略低於江戶前的做法，導致外殼的脆度不太夠，吃到最後略顯油膩。天汁除了傳統的蘿蔔泥外，還配上了脫水的洋蔥碎、薑片和山椒，呈現給食客一道看似熟悉、入口卻陌生的菜品。

有一些菜品則是全然不日式的，比如炸鵪鶉看著像肯德基的吮指原味雞。在料亭、割烹店裡一般不會吃到諸如炸雞塊之類的居酒屋菜品，但 RŌNIN 不受套路限制，這裡的炸鵪鶉外皮酥脆，肉質鮮嫩多汁，配上一些山椒粉十分美味。而山椒這一配料看來是主廚的討巧武器之一，在整個菜單中出現了許多次。

說起「討巧」二字，確實是 Matt 所擅長之事。RŌNIN 的菜品若說高級感或烹飪難度，都難以比擬正統和食。但這裡的搭配往往讓人眼前一亮，吃完後發現那種單純的好吃令人倍感輕鬆安逸，不需要思考太多，是安慰屬性食物的特質。比如海膽配花蟹肉，如何能不美味？花蟹肉鮮甜多汁，海膽濃郁美味，兩者糾纏

上｜海膽配花蟹肉

下｜軟絲仔配烏魚籽及香橙皮末

在一起營造雙倍的鮮美。

沙丁魚鞿鼦，配以茗荷碎，配著又脆又薄的薯片食用，如何能讓人不愛？茗荷清雅，沙丁魚油脂豐富，肥嫩軟糯，兩者搭配清口解膩，放在自家炸製的薯片上是開胃的好菜式。

再比如軟絲仔（萊氏擬烏賊）切絲汆燙後配以香橙皮末和烏魚籽碎，自然令人食指大動。還有炸得酥脆的蟛蜞，配以甜辣汁，一口一個，是送酒恩物。可惜我酒精過敏，至多點一杯冰上（on the rock）威士忌或梅酒。這裡的酒保鑿得一手好冰球，坐在吧檯看他鑿冰亦算是一種助興。

RŌNIN 的菜式設計理念符合餐廳加半個威士忌吧的定位。當初 Matt 和 Lindsay 討論餐廳構思時並沒有明確菜品的類型。Yardbird 是一個概念明確，類型清晰的燒鳥店，而 RŌNIN 則是一個毫無拘束的自由空間。這裡既是餐廳，亦是酒吧；既是日式風情的割烹，又是美式小吃餐吧；既可以是專心品嚐菜品的餐廳，也是社交聚會的場所。正如這裡的菜品一樣，看似和食，實則跨越了國界，在港島上尋得一方落腳生根處。

正因為 RŌNIN 邊界模糊，它才可以容下許多的可能性，而從這些可能性出發，RŌNIN 也許可以走出一條新的道路，亦有可能原地踏步，作為食客唯有拭目以待。

註

1. 寫於二〇一九年二月二十五日至三月四日；寫作前一次拜訪於二〇一七年七月。

尋味亞洲 [1]

泰麵、
New Punjab Club、
Chaat、
鮨さいとう、
寿し雲隠、
Nikushou、
Hansik Goo、
Mosu

相較幾年前，在香港現可找到更多不同風格的亞洲味道，一些空白亦被填補。

　　「亞洲國際都會」是香港政府為香港定製的宣傳語，在還能自由飛行的前新冠肺炎時期，這句宣傳語在機場隨處可見。作為亞洲的國際都會，香港自然要有海納百川之態度，在飲食文化上也必定要有多樣性，可尋得亞洲各地特色方是。

　　香港獨特的地理位置和港口文化，使得以泰國菜、新馬菜和越南菜為代表的東南亞飲食在此地有重要地位。而英國的殖民歷

史又為本地帶來印度裔人口基礎和歷史悠久的印度菜傳統。隨著八十年代日本文化流行和港人赴日旅行增多，對於日本料理的喜愛升溫，令香港成為日本之外人均日本餐廳佔有量最多的地區。進入二十一世紀以來，韓風漸盛，香港的韓餐也日漸增多，近兩年還出現了一些精緻韓餐。應該說要在香港尋味亞洲並不是難事，甚至還頗是一件樂事。

泰麵

九龍城泰國移民眾多，走在街頭恍惚間以為自己去了曼谷。各式泰國雜貨舖鱗次櫛比，時令蔬果也好，香料調料也罷，亦或小食、器具都一應俱全，不需要去泰國就能同步感受。

早期九龍城的泰國餐館多數由泰國移民主理，如今則也有不少本地人開設的。整體而言這裡的泰國菜走親民路線，即便是泰國人主理的餐廳也考慮了本地食客口味，多有改良和創新，讓我覺得純正而常想回訪的餐廳基本沒有。反而是灣仔的一家叫泰麵（Samsen）的小餐館讓我覺得味道更接近在曼谷吃到的。

Samsen（สามเสน）是泰京曼谷一處歷史悠久的街區，泰麵的英文名便來源於此，因此餐廳的中英文名含義並不相同。這小餐廳開在灣仔石水渠街六十八號地舖，此地屬於香港歷史悠久的街區，與 Samsen 的氣質不謀而合。店面裝潢走的是街頭風，還真有幾分曼谷的感覺。

顧名思義，這裡的麵食一定是重頭戲，不然如何敢以「麵」字為名呢？我最喜歡這裡的和牛船麵，生血濃郁，湯頭夠味，粿

上｜和牛船麵（攝於泰麵）

下｜蟹肉奄列（攝於泰麵）

條勁道，豬皮香脆，混在一起滋味十足。跟曼谷街頭的船麵不同，這裡以寬口大碗盛裝，湯的分量也較足，吃完麵後還可要點米飯泡著湯一起吃，可謂一舉兩得。

船麵是鑾披汶・頌堪（แปลก พิบูลสงคราม，1897-1964）[2]執政時期流行起來的一種街頭食物，這裡的麵其實是粿條（ก๋วยเตี๋ยว，香港有時根據泰文音譯為「貴刁」），起源於泰國的潮汕移民。由於早期小販通過船隻穿行曼谷，為防止湯水潑灑，所用的碗都較小。不過如今許多船麵商販都已搬移上岸，只保留了船麵的名號和用小碗的習慣而已。

除了船麵，這裡還有多樣地道的泰國小吃可選，從香脆炸豬皮，到味道豐富的青木瓜沙拉，還有蟹肉十足的西式蛋餅（Omelette，奄列）及泰式大蝦金邊粉（ผัดไทย）。而甜品自然是要吃芒果糯米飯（ข้าวเหนียวมะม่วง）了，這一味代表性的泰國甜品雖在香港到處可見，但做得正宗的極少，出了泰國就容易被改良得一塌糊塗。泰麵的芒果糯米飯是我在香港吃過最滿意的版本之一。糯米泡發得當，蒸好後口感糯軟中帶點嚼勁，椰漿的分量恰到好處，最要緊的是調味中那一絲鹹味，將芒果的香甜襯托得雅致。而飯上面撒放的炸去皮綠豆是必不可少的，是令整個芒果糯米飯口感層次豐富的功臣。

說到這兒，諸君一定以為泰麵的主廚是泰國人無疑了。其實主廚 Adam Cliff 來自澳洲，但他骨子裡卻有點泰國菜原教旨主義，想在泰麵為客人呈現純正地道的曼谷風味。他在十七歲離開學校後，便在曼谷的著名餐廳 Nahm 找到了工作機會。Nahm 的創始人 David Thompson 也是澳洲人，他為泰國菜進入世界餐飲的

主流視野做出了巨大貢獻。他的著作《泰國食物》（Thai Food）系統性介紹了泰國各地千姿百態的飲食文化，填補了英語餐飲文獻中的空白。香港大館裡的泰國餐廳 Aaharn 就是 David Thompson 在港監理的餐廳，不過主廚並非他本人。

Adam 的師承如此，加上多年在泰國工作和遊歷的經歷，讓他對泰國菜有深刻的理解。二○一三年他來港擔任 Chachawan 的主廚，三年後獨立開設了泰麵。自二○一六年開業以來，泰麵廣受好評，幾乎天天都要排隊。我想有時候未必需要妥協和迎合才能迎來尊重和喜愛，堅持純正的做法反而能讓食客走出舒適圈，多一份對異域美食的正確認知。

不過泰國南北狹長，我們熟知的泰國菜往往是曼谷都會區的飲食。往北或向南都有不同的地域風土，可惜在香港就沒那麼容易品嚐到了。

New Punjab Club

作為前英國殖民地，香港在開埠初期便引入了不少印度次大陸的士兵及警員，形成了香港的印巴人口基礎。印巴分治後，根據出身又細分為印度人和巴基斯坦人。目前香港的印巴人口在八萬左右，雖佔總人口比例不高，但絕對人數不少。

印度次大陸地廣物博，單說印度一國便有二十八邦，八個聯邦屬地，南北長三千二百一十四公里，東西長二千九百九十三公里，自然風光各地差異較大；加之歷史上印度有很長的列國時期，因此各地無論是語言還是飲食文化都有不同特點。香港有不

少的印巴餐廳，但多數不會專注於某一地域的菜系，大家平時說起來總歸以「印度菜」三字稱呼之。而且香港的印度菜多數走平民路線，精緻印度菜較少。在高級酒店裡，一般也不會有印度餐廳。

文華東方酒店中，有家開業於一九六三年的英式威士忌吧千日里，它的菜單上有不少印度菜，比如咖喱角（Samosa）、香料烤雞咖喱（Chicken Tikka Masala）和印度烤雞（Tandoori Chicken）等，做得比較精細。不過在長期殖民的背景下，一些印度風味已成為英國人日常飲食的一部分，比如香料烤雞咖喱很可能就是印度移民在英國結合當地人口味創製出來的，其基礎是印度次大陸流行的饢坑（Tandoor）烤肉或烤蔬菜（Tikka）。在烤製前，食材會在綜合香料及酸奶中進行醃漬以使其入味。因此，綜合而言千日里依舊是一家英式餐吧而非印度餐廳。

不過這幾年香港的餐飲發展為印度菜格局帶來了一些新變化。比如中環的 New Punjab Club 便是以北部印巴交界的旁遮普地區食物為招牌的。印度有旁遮普邦，巴基斯坦有旁遮普省，兩者因印巴分治而分裂。旁遮普由突厥裔波斯統治者命名，在莫臥兒帝國時期這一名稱得到廣泛使用。Punj 為五，ab 為川，故意譯的話，便是「五河流域」，因為這裡有五條印度河的支流經過。此地歷史悠久，文化薈萃，飲食上也多有建樹。

New Punjab Club 的主廚 Palash Mitra 的母親來自旁遮普，但他在十多歲才真正接觸到旁遮普風味。學廚後他先是做西餐，後來轉而開始研究本國美食，成為了一名印度菜主廚。與坊間認知的印度菜不同的是，旁遮普菜的咖喱菜品較少，但擅長使用饢坑製

上｜碎咖喱角（攝於 New Punjab Club）

下｜饢坑烤羊架（攝於 New Punjab Club）

作各類烤製食品；整體調味上則偏辣偏油。

這裡的碎咖喱角（Samosa Chaat）做得好吃，洋蔥的辛香、酸奶的奶香、石榴的清甜和羅望子醬（Tamarind Glaze）的酸甜相得益彰，各類香料和醬汁給這道菜塑造了立體的味覺層次，甜酸鹹鮮混在口腔中，立馬把人的胃口給打開了。而油炸的脆麵又增加了這道菜的口感。

饢坑烤製是主廚引以為豪的技法，無論是各色饢餅（Naan）亦或烤肉都調味到位、火候得當。一般印度菜常會把肉烤過頭，吃起來發柴，但這裡的一道饢坑烤羊架（Masalewali Chanp）讓我印象深刻。羊架先用葫蘆巴（Fenugreek）、蒜、辣椒及其他香料乾醃，再以混有酸奶的醬汁濕醃至入味。之後放入饢坑中烤製至中等熟度，成品外部焦香，裡面卻依然粉嫩多汁。而烤肉菜式所配的切肉刀則是旁遮普的鋼戰刀，切起肉來自然鋒利到位。

不過以某一邦的菜式為主題的印度餐廳在香港依舊屬於少數，尤其在精緻餐飲中更是一枝獨秀。希望後續能有更多細分地域的印度餐廳開幕。

Chaat

香港首間開在五星級酒店中的印度菜應是瑰麗酒店中的Chaat，它一掃印度菜進不了高級酒店的刻板印象。不同於 New Punjab Club，Chaat 的菜品不局限於印度某一地區，而是融合全印度各地的美食特色，給食客創造一個更豐富的選擇空間。雖然走的是精緻印度菜路線，但 Chaat 的靈感來自於印度街頭美食和傳

統家常菜式，餐廳的壁畫上描繪的便是印度街頭的生活日常。

這從餐廳的取名便可看出，Chaat 來自於印地語的 चाटना（Cāṭnā），是「（吃東西時）舔（手指）」的意思，後來演變為 चाट（Cāṭ），意為「品嚐、一道美味」等。如今 Chaat 已是各類鹹味街頭小吃的統稱。

主廚 Manav Tuli 來自印度中部偏東的恰蒂斯加爾邦（Chattisgarh）的比萊（Bhilai）。他為人低調和善，只要聊起印度各地美食，便會滔滔不絕。他的廚房生涯起始於印度西南沿海的喀拉拉邦（Kerala），後來也在印度北部拉賈斯坦邦（Rajasthan）的高級酒店工作過；在孟買工作一段時間後，他開始邁出國門，最後落腳於印度菜十分流行的倫敦。二○二○年，他獲香港瑰麗酒店邀請來港籌備 Chaat。

Manav 不是個死守傳統的廚師，他的烹飪具有鮮明的個人特色，卻又不失正宗印度風味；對於不同地域的風土把握非常準確，卻又不完全排斥印度烹飪與本地食材的結合。

就拿人人都熟悉的咖喱角來講，這小吃起源於中東，十三世紀隨著伊斯蘭教一起傳入古印度次大陸。其詞源 گسوبسن（Sanbosag）是波斯語「三角形麵點」的意思。但讓咖喱角美名遠揚的還是印度人，常見的咖喱角一般為油炸或烘烤而成的三角脆皮包，餡料則為多種香料混合調味的牛肉、羊肉、雞肉或馬鈴薯、豆類等。

在 Chaat，你看不到常見的三角形油炸咖喱角，上桌的是裝在脆皮冰淇淋筒裡的新版本，這是主廚 Manav 當年在倫敦工作時獲得的靈感。烘烤而成的外皮脆而不油，餡料則一般為素，菠蘿

上｜烤和牛臉頰肉（攝於 Chaat）

下｜海鱸魚塞勒姆咖喱（攝於 Chaat）

上｜咖喱角（攝於 Chaat）

下｜印度凍奶棒配印度煉奶細麵（攝於 Chaat）

蜜或 Karana 人造肉的版本我都嚐過，個人更喜歡菠蘿蜜版本。烤製過的菠蘿蜜有一種近似肉的口感，但味道上又保持清甜。搭配的辣椒酸奶清新開胃，舀一勺放在咖哩角上面，與點綴在上方的小蔥產生有趣的味覺反應。

第一次去的時候有道烤阿拉斯加帝王蟹，這個食材顯然不是印度原產的，但是否能夠以印度手法呈現呢？實際效果而言可謂十分成功。蟹肉先用黃辣椒、薑黃粉、乾芒果等一起醃漬，然後再入饟坑烤製，配上兩款印度蘸醬（Chutney）上桌。蟹肉鮮嫩入味，較紅肉或雞肉更為鮮甜。看著離經叛道，實則道法自然。

一度成為社交媒體熱門的烤和牛臉頰肉被戲稱為 Chaat 的牛肉叉燒，其實在製作手法上依舊是傳統的饟坑烤肉。牛臉頰肉以脫乳清酸奶（Hung Yogurt）、辣度較為適中的喀什米爾辣椒（Kashmiri Chili）及肉桂（Cinnamon）等香料醃製入味，然後進入饟坑燒烤。這道菜的醃料甜度較高，有接近粵菜蜜汁叉燒醬汁的感覺，但口感更為鬆軟，外皮雖有微焦的部位，但由於印度醃料濕度較大，並沒有脆皮的感覺。所以整體而言，它依然是一道印度風味純正的烤肉菜式。

小菜和前菜一般一道道進行，但進入咖哩和主食環節時，便會一次性擺上桌，讓食客可將各種菜肴搭配印度抓飯（Pulao）或饟餅。這裡有豐富的咖哩選擇，不同食材搭配、不同區域特色的咖哩都有呈現。比如鮮香的海鱸魚賽勒姆（Salem）咖哩，香味層次豐富，味覺上十分溫和。豬肉溫達盧咖哩（Vindaloo）則可謂「熱情似火」，這道起源於西南小邦果阿（Goa），是當地人結合葡萄牙殖民者食譜發明的菜式，在辣味上非常突出，而且初入

口覺酒香味濃，辣味藏在尾韻裡，越吃越辣，卻讓人欲罷不能。花菜土豆咖喱（Adraki Gohi Aloo）則突出蔬菜的口感和土豆的綿密，與其他肉類咖喱葷素搭配。

與咖喱一同上桌的小菜一般有常見的印度奶酪煮菠菜（Palak Paneer），還有清新的黃瓜奶酪醬（Raita）等。Chaat 的蝦肉抓飯用的是陳年印度香米（Basmati Rice），粒粒分明，調味平衡。而饢餅有多種選擇，一般在前菜時會上一道奶酪饢餅，搭配主菜咖喱時則有大蒜饢餅，前後呼應，相得益彰。

每次來總會吃得十分飽足，但最後的甜品依然不可跳過。Manav 將印度凍奶棒（Kulfi）這道起源於十六世紀的印度甜品做出了精緻餐飲的細膩感。傳統方法製作凍奶棒時，需要慢煮加入糖和香料的牛奶，烹煮時不停攪拌，以防黏鍋。牛奶在這個過程中逐漸變得濃稠，裡面的糖分亦會焦糖化，令整個液體的顏色開始變淺棕色，風味也進一步濃縮。之後將煮好的奶液倒入杯形模具（傳統上多用一種叫 kulhar 的未上釉土杯）中密封，再將模具放入盛滿了冰和鹽的陶缸（Matki）中冷凍。

在 Chaat，雖然凍奶棒是用冰箱製作的，但主廚最大限度地還原了這一街頭小吃的風味。而且為了增加它的層次，碗底加入了印度煉奶細麵（Rabdi Falooda），上面則加入了大櫻桃。

這裡的混合香料茶（Masala Chai）做得細膩平衡，是我每次都要點一杯的，為一餐豐盛的印度大餐劃上句號，亦起到消食的作用。

Manav 師傅有一種使命感，他希望可以將印度各地不同的美食風土盡可能地介紹給香港食客，但在方式方法上他是循序漸進

的。每月第一個週五和最後一個週五他都會舉辦「印度味道」特別午餐，給客人介紹六至七道印度地方菜式。通過這個專案，他希望本地食客對於印度菜有更為全面的認知。正是這種對本民族烹飪的熱愛和與人分享的慾望，令 Chaat 的出品一直處於穩定的高水準上。菜品選擇豐富，烹飪精細且有合理的創新，是 Chaat 成為熱門餐廳的根本原因。

鮨さいとう

亞洲味道自然不能少了日本料理，我一直喜愛日本料理，也討論過不少香港的日本料理名店。這些年既有日本名店來港開分舖，亦有優質的本地品牌崛起，為香港日本料理市場注入了新的活力。日本品牌有鮨とかみ、壽司芳（Sushiyoshi）、鮨さいとう（鮨・齋藤）及京都割烹名店富小路やま岸（Tominokoji Yamagishi）等，其中鮨さいとう是最受人關注的。這是鮨さいとう第一家以主品牌命名的分店，當年吉隆玻分店名叫「Taka by Sushi Saito」，更像是個副牌。日本總店基本完全熟客制，初訪者幾乎沒有任何可能獲得訂位。

二〇一八年三月二十五日鮨さいとう香港店開幕，我當日便拜訪了。首三天，東京總店主廚齋藤孝司（1972-）親自坐鎮，滿打滿算三天下來可以招呼的客人也就一百多人，一位難求可見於此。

鮨さいとう香港店開在四季酒店四十五樓，原先那一層是貴賓酒廊，環境整體清幽。用餐區域是左右一致的兩個原木吧檯，

各可坐八人，中間有可移動木牆隔開；分別有主副廚負責，而廚房在正中央，可以兼顧兩邊吧檯。相對於六本木總店，香港店的空間更大，環境也更為精緻。

雖然要討論的是鮨さいとう香港店，但有必要提一下為何齋藤孝司的壽司會如此受人推崇。齋藤師傅是千葉縣人，早年間在銀座老店久兵衛修業。久兵衛歷史悠久，但後來走流量路線，餐廳接待量很大，僱用的廚師也多。對年輕廚師而言，那裡是適合修煉基本功的地方，但要更上一層樓則需要自己的鑽研和努力。從久兵衛修業後，他來到既是同鄉又是同門的金坂真次（1972- ）開設的鮨かねさか（Sushi Kanesaka，壽司金坂）工作。金坂真次不僅壽司手藝過硬，而且非常善於經營，鮨かねさか短短幾年間便開枝散葉，有了幾家分店。二〇〇四年起，齋藤孝司擔任鮨かねさか赤坂分店的主廚。

坐在齋藤師傅板前吃過壽司的食客就會知道，他非常善於交流，能讓食客十分輕鬆愉悅地享受他的手藝。在鮨かねさか赤坂店時他的這一能力便顯露了出來，經過幾年的積累，二〇〇七年齋藤師傅盤下赤坂分店並改名「鮨さいとう」。七年後從狹小簡陋的赤坂舊址搬移到了條件更好的六本木新址。首本東京《米其林指南》中，鮨さいとう已然摘星，二〇一〇年開始更是連續獲得三星評價。鮨さいとう主吧檯只有八個位置，擠一擠最多坐九人，一天只做午餐晚餐各一輪，除去假期和週日，一年也就接待三千多人次。隨著口碑日隆，預約已難於登天，自二〇二〇年起齋藤師傅婉拒了《米其林指南》，畢竟評審員都訂不上位置。

鮨さいとう要開香港店的傳聞早在二〇一六年便已流傳開

來。那年我去東京鮨とかみ總店吃飯，就聽到熟客們在討論此事。整個籌備過程十分漫長，甚至傳出齋藤師傅可能先去紐約開分店，而非香港的謠言。至二〇一七年下半年，香港店即將開幕的消息傳來，坊間又猜起誰會過來做主廚。當時我一度以為會是東京總店的副廚橋場俊治，不過橋場師傅將副吧檯做得風生水起，已可獨當一面並擁有一定的顧客基礎，捨棄這一切來香港從頭做起的可能性較低。至初訪那一日我才得知香港店的主廚是年輕的小林郁哉，他跟隨齋藤師傅修業八年，性格靦腆，做事低調認真。副廚則是曾經在澳門金坂工作過的藤本健一，我早年去澳門金坂的時候便已認識他。

壽司在我看來八分靠準備，兩分靠捏製。但這不是說主廚作用不重要，恰恰相反，主廚的大部分功力正是體現在這八分的準備當中。從用米的選擇和米飯的烹製，以及調味、食材的挑選和預處理，到菜單的規劃和落實，無不體現一個主廚的料理理念和水準。壽司是一種遠比其他料理要個人化的食物，正因如此名店開設分店是非常難以保持總店水準的。鮨さいとう香港店無疑也面臨這個挑戰。

齋藤師傅的壽司調味上溫潤平衡，質感上輕盈通透，形狀非常規整美觀。我一直認為鮨さいとう雖然一位難求，但本質上齋藤師傅的壽司是為大眾準備的，因為那是一種直觀的好吃，是多數人都能欣賞到的美，在我看來這也是鮨さいとう擁有超高人氣的根本原因。許多其他日本名廚的壽司具有凌厲的風格，需要跨過一定的門檻才能欣賞其精彩處。

用餐氛圍上，齋藤師傅和藹開朗，且十分關注客人的反應

鮨さいとう開幕當日的齋藤師傅

細節，盡可能與每一組客人都發生適當互動。熱愛香檳的他對客人的敬酒來者不拒，一餐飯下來往往主客盡歡，大家都喝得兩頰通紅。

以上的用餐體驗在我看來是無法複製的。因此我會將鮨さいとう香港店視為遵循齋藤教導的一家獨立的壽司店，因為每一日的操作細節實際上是需要駐店主廚去把控的。自開店以來，我每年都會去很多次鮨さいとう香港店，但平心而論，小林主廚與師父還是存在比較明顯的差距的。開業三年後，他回日本去接受新的挑戰了，而繼任的主廚久保田雅經驗更為豐富，為香港分店帶來了不同面貌。

在維持齋藤師傅整體風格的基礎上，久保田師傅較為克制

上｜招牌鮟鱇魚肝（攝於鮨さいとう）

下｜竹筴魚握壽司（攝於鮨さいとう）

地融入了一些自己的創意，令菜品的豐富度有所提升，也更貼近本地食客的期望。比如在總店吃蒸鮑魚，一般不配肝醬；香港店開業之初也遵循這個操作。但本地食客頗熱愛味道濃郁的鮑魚肝醬，最近拜訪發現蒸鮑魚配了肝醬，吃完鮑魚後，還可配上米飯拌著肝醬同食。久保田的肝醬鮑魚香氣突出，奶香較弱，具有自己的風格，是我比較喜歡的做法。

熟成一個月的金槍魚大腹烤製後香氣和鮮味都更為突出，全然不同於普通的烤魚。去年十月拜訪，有一款之前未吃過的蒸生蠔，軟嫩鮮美，讓我印象深刻。還有日本仿長額蝦（縞海老）蝦肉及蝦籽簡單配上裙帶菜（若芽）和出汁醬油，清新開胃。當然齋藤師傅招牌的鮭魚籽（イクラ）和鮟鱇魚肝（鮟肝）則是不可更改的經典菜式，每次吃都覺得十分幸福。

壽司方面，久保田師傅對舍利（傳統的醋飯，舍利しゃり）的處理和壽司結構的把握非常到位，應該說比較好地將師父的風格表達了出來。鮨さいとう用的是較為溫和的赤醋，醋飯酸度適中，顏色較淺，看上去近乎白色。舍利和壽司的成品風格都依舊有金坂的影子，例如顯著的空氣感令壽司放置時有下沉現象等，但這些並非齋藤壽司的關鍵點。

正如我上文所說的，齋藤的壽司之所以受人喜歡是因為溫潤平衡，因此他每一季度選擇的食材亦較為固定，並不會出現比較難與自身醋飯配合的題材。某種程度上這既是齋藤的優點，又是缺點，因為你在鮨さいとう並不會有一段跌宕起伏的味覺體驗，更多的是預期內的美味與平衡。不過這也是我保持回訪的原因——安安靜靜吃一頓足夠好的壽司，而不會遇到任何不愉快的「驚喜」。

布丁口感的雞蛋糕（攝於鮨さいとう）

　　齋藤師傅幾年前便開始改變自己的雞蛋糕風格，疫情前最後一次拜訪總店時，我吃到的是一款有三種口感層次的雞蛋糕。頂部是顯著焦糖化的，中段則維持一直以來的布丁風格，底部才有顯著的孔洞，更似蛋糕口感。不過香港店至今還是維持了布丁風雞蛋糕的做法，不知道何時才能吃到總店風格的雞蛋糕呢？

　　寿し雲隠

　　我們在討論日本料理的時候總有一種迷思，本地食客潛意識裡覺得日本師傅水準一定高於本地師傅。這是一種完全沒有依據

的主觀臆斷。香港有許多優秀的本地西餐廚師，在日本也有許多優秀的本地西餐或中餐廚師，為什麼說起日本料理就玩起血統論了呢？烹飪的門檻有多高完全在於一個人嘗試跨越它的努力有多大，當一個廚師全身心投入一門料理的鑽研和學習之後，國籍和出身根本不是問題。不過外來的和尚好念經，本地食客容易被外國主廚忽悠地團團轉而不自知呢！

疫情前我每月都去日本拜訪各類餐廳，因此在港吃日本料理較少，除了幾家常去的，從不進行新嘗試。直到這三年外遊無望，唯有在香港一解對日本料理的相思。在中環 H Code 有間開業一年有餘的壽司店寿し雲隱（Sushi Kumogaku），投資人是我朋友，他知我從不寫鱔稿 [3]，還怕我不吃本地師傅的壽司，戰戰兢兢請我去嘗試。其實我根本不信血統論，只要對日本料理的理解到位，技法過硬，便能做出美味來。去了幾次真心覺得越來越好，於是便將這兒當成了我的壽司飯堂之一。

原先此店主廚是中日混血的森智昭，店名叫 Mori，後來他離開餐廳自立門戶，於是副廚陳永健年紀輕輕便接手了這家店，並改名為「寿し雲隱」，取的是「大隱隱於市」之意。店面在 H Code 低座的八樓，沿著石板街上去，或者從荷李活道大館附近下幾步石階就到了。初來不甚好找，還真有點低調行事的感覺。

熟客都親切地叫主廚為健師傅，雖然年紀輕，按資歷卻已是個「老」師傅了。在壽司這個行當他摸爬滾打了近十年，他對日本料理的熱情非一般人可媲美。他不僅工作勤奮，業餘時間還自學日語和大量閱讀各類料理及日本飲食文化方面的書籍，對壽司

流派淵源及傳承了然於心，對一些折射在飲食上的文化細節亦研究到位。

比如卷壽司按照大小分為太卷（太卷き）和細卷（細卷き），最常見的太卷壽司是海苔卷，顧名思義即外層以海苔包裹醋飯及各類食材的壽司卷。製作海苔卷的時候，每一家店都有自己的食材搭配，並無絕對定法。有些店以金槍魚聞名，便會做純金槍魚肉的太卷，大部分的店則會加入多種食材，組成食材豐富、味道複合的太卷。當然有些店為了節省食材，會巧妙地把剩餘食材做進太卷裡，比如星鰻的尾段、鮑魚邊等。

在日本，最有名的太卷是節分日食用的惠方卷（惠方卷き），這種壽司卷起源於大阪，如今已全國普及，成為許多壽司店太卷的藍本。惠方卷裡有醃葫蘆（干瓢）、黃瓜、伊達卷（一種出汁[4]雞蛋卷）、星鰻或鰻魚、蝦肉鬆、日本對蝦（車海老）及煮香菇（椎茸），對應著日本神話中的七福神。健師傅做的太卷便是在惠方卷的基礎上製作的，在香港偷工減料和不按章法什麼都加的太卷比比皆是，不放香菇的一大堆，還有放入過鹹明太子的……而寿し雲隱的太卷最週全得體且美味平衡。

一些壽司店為迎合本地食客口味，常做些口味突兀的融合菜，比如麻婆白子就是一例。這道菜放在居酒屋是很不錯的，但在高級壽司店則十分不合適，因為麻辣味會破壞品嚐壽司時的味覺平衡。健師傅希望給食客帶來更多真正符合日本味覺的時令菜式。比如最近吃到的抱籽長槍烏賊便是一例。這道菜需將兩隻烏賊的籽釀入一隻烏賊裡，並用原汁熬成醬配搭，入口便感覺到鮮甜，而綿密的烏賊籽包裹著舌尖將鮮味細細釋放，讓人欲罷不能。

當然健師傅也善於做出創新，只不過都是在和諧平衡的味覺體驗內的。比如雲隱廣受讚譽的小菜鮟鱇魚肝菠蘿包就是將本地飲食文化與日本味道相結合的範例。這道菜需要選擇顏色紅潤、油分較足和鮮度高的日本鮟鱇魚肝，排除血水就需要一天時間，煮製後還需要浸泡一天。鮟鱇魚肝配醃漬小西瓜（奈良漬け）是常見搭配，健師傅將切得細碎的醃漬小西瓜混入細緻過篩的鮟鱇魚肝醬中，再注入具有香港風情的菠蘿包脆殼裡。鮟鱇魚肝醬特意低溫儲藏，為的是模擬冰淇淋的口感，而脆殼則是新鮮出爐。一脆一潤，一熱一冷，兩口吃完的小菜竟可在口感、味道和溫度三個層面達到如此高的完成度，令人驚喜。

壽司是醋飯的藝術，每貫不變的是醋飯，輪番上來與之搭配的是題材，因此千萬不可本末倒置——一家壽司店的立足之本在於醋飯。

雲隱的醋飯個性十足，主要體現在煮飯的熟度及調味用的醋上。雲隱用的是陳年魚沼越光米，調味用的是金將和與兵衛兩款赤醋和千鳥一款米醋。在視覺上，這裡的醋飯呈赤棕色；換飯的時候可以聞到明顯的酒粕香；味覺上首先突出酸味，其次帶出恰當的鹹味，回味則是米的淡淡甜味。口感上健師傅的醋飯黏度較低，是粒粒分明的風格。這樣的醋飯與大多數題材都可找到契合點，而與熟成後的白身魚、醃漬過的銀皮魚、味道突出的紅身魚，以及油脂較重的食材尤為和諧。

應該說雲隱的醋飯是有欣賞門檻的，但只要食客明白其中的妙處便會覺得其他一些毫無個性的壽司店簡直乏味至極。

白身魚和銀皮魚的處理非常考驗壽司師傅的功力，其中又

上｜抱籽長槍烏賊（攝於壽し雲隱）
下｜鮟鱇魚肝菠蘿包（攝於壽し雲隱）

上｜小肌握壽司（攝於寿し雲隠）

下｜星鰻壽司（攝於寿し雲隠）

以「江户前」的代表食材窩斑鰶的處理為最關鍵。無論是幼年的新子，亦或稍大的小肌都是我非常喜歡的食材[5]，但在香港卻較少吃到。剛上市的「初物」往往價格高昂，去年新子一度升至兩萬元港幣一公斤，而處理起來又十分麻煩，如果處理不當又腥又柴，味同嚼蠟。本地食客更喜歡金槍魚大腹或海膽一類直白的美味，所以許多壽司店索性就跳過了這一重要食材。

不過健師傅是處理銀皮魚的高手，有一次在雲隱吃到一貫十分驚豔的小肌，脫水度恰到好處，清新的前調配合味道豐腴的油脂香氣，與其性格突出的醋飯搭配在一起簡直驚為天人，是久違的美味小肌體驗。我問他是如何處理這小肌的，他大致說了一下過程，無外乎就是鹽糖醃漬脫水後，用醋水洗淨，再用混合醋來醃製，狀態到位後就撈出放到竹篩上晾乾，讓醋繼續透入魚身，之後放入冰箱靜置三五天就可以了。聽上去十分輕鬆簡單，實際上卻困難重重，因為從新子開始，窩斑鰶的狀態變化是按天計算的，所以每天拿到的魚狀態都會不同，需要靈活調整鹽醋量和醃漬時間，這需要反覆練習才能準確掌握，背後所花費的精力和時間不敢想像。

據說雲隱的經營策略是維持較高的食材成本，將最好的食材與最合適的處理手法結合，立志為客人帶來不同的壽司體驗。星鰻當造時，我在社交媒體上常看到日本著名供貨商ウエケン（Ueken）發頂級星鰻的入貨照片，其中幾乎每天都有雲隱的身影，而香港其他壽司店幾乎沒有出現過。健師傅處理星鰻真是有一手，別說毫無土腥味這種入門級要求了。他的星鰻糯軟鮮香，回味無窮，與粒粒分明的醋飯最為相配。這無疑是我在香港吃過

上｜石司的標籤（攝於寿し雲隠）

下｜本鮪赤身握壽司（攝於寿し雲隠）

最好的星鰻壽司了。

這裡的日本對蝦鮮活肥碩，為保證鮮美和溫度，每次只煮四隻。身體中央保持半生狀態，一入口鮮味爆出，口感爽脆，無怪乎那麼多客人都覺得是香港第一的車蝦壽司。而金槍魚和海膽就更不用多言，雲隱是香港為數不多常用石司金槍魚的壽司店，根據魚的品質，健師傅也會選用其他供應商的。石司是豐洲市場著名的頂級金槍魚中盤商，他們並不售賣品質一般的漁獲。

而海膽則每一季都有特別的品種，一些小眾的產地和品種總會帶來大路貨無法製造的驚喜。比如最近吃到淡路島由良紫海膽，單片體積不大，但鮮味突出，還有顯著的熱帶水果香氣，竟有點像夏日的赤海膽，是我喜歡的味道。

健師傅還在技法的上升期，與日本名店大師相比，自然有諸多需要提高的地方。但是我相信勤奮的他必將更上一層樓，雲隱未來可期，希望每一次去都可有新的收穫。

Nikushou

諸君讀到這兒肯定納悶，怎麼說來說去還是壽司？香港的日料自然不止壽司，只不過做得最接近日本頂級水準的還是壽司。但有一家叫 Nikushou 的日式燒肉店是我十分喜歡的，店名即日語「肉匠」的音譯。店東伍餐肉是我的朋友，他對於食物的熱情時常感染著我，對於自己餐廳的出品更是一絲不苟。我已經數不清自己去過 Nikushou 多少次，總之這是我的日式燒肉和割烹飯堂無疑。

一轉眼 Nikushou 已經開業六年了，還記得第一次去的時候肉哥讓我們猜搭配燒肉的一款醬汁裡有哪種水果的汁水，全場只有我猜對了，原來是新鮮菠蘿汁。Nikushou 的烤爐當年在香港是最講究的，溫度高，調節速度快，又不起油煙。這裡招牌的醬燒西冷，大大一片，在高溫烤爐上輕輕掃上兩三次即可食用，配上日本生蛋黃和越光米米飯，真是罪惡的美味，有時候一片不夠還要追加。

有食客偏好炭爐，說有炭香的燒肉才好吃。其實優質的和牛肉何須炭香？讓食材本身的香氣主導難道不好嗎？再者說肉類經過美拉德反應（Maillard Reaction）後，香氣誘人，根本不需要木炭。

Nikushou 細緻梳理了和牛產地和部分劃分，讓食客吃得明白。菜單上除了各式套餐，也有單點的燒肉品種，按照赤身（較瘦的部位）、中霜降、上霜降三類排列，而主推的品種是岐阜縣的飛驒牛。不過我基本沒有看過菜單，每次去都是肉哥安辦，他排什麼我就吃什麼。而且有時候何必執著日本和牛，一些優質的本地牛肉其實也十分美味，而且牛肉味更足，只不過產量頗少，熟客吃都不夠分的。

日本人食用牛肉是明治維新後的事情，因此和牛成為商品其實歷史非常短。早期日本引入外國牛種以期提高產肉量，為區分外來種與本國種，「和牛」這一名稱開始進入歷史舞臺。後來發現雜交使得原產牛種的一些優良基因被稀釋，二戰後日本開始保護本國牛種，確立了黑毛和牛、褐毛和牛、短角和牛和無角和牛四種和牛的劃分。坊間有所謂松阪、神戶、近江或米澤牛的「三大和牛」說法，不過這個說法起源何處無人知曉，亦不是各方公

上｜招牌西冷（攝於 Nikushou）

下｜和牛花山椒釜飯（攝於 Nikushou）

認的。

目前和牛可劃分為銘柄和牛、非銘柄和牛及國產牛三個層次。所謂銘柄即是品牌，產和牛的地區都會給自己的優質和牛註冊品牌，我們常說的神戶牛、松阪牛，前面這些地名便是銘柄。因此神戶牛和神戶和牛是兩種不同的概念，前者是銘柄和牛，後者則不是。除了產地以外，還需要看牛肉的級別，大家平日裡經常聽到什麼 A5 和牛之類的說法，這裡的 A5 便是牛肉的級別。其中字母有 ABC 三檔，代表一頭牛可以提供的食用肉比例，日語稱為「步留等級」，A 為最多，C 則最少。而數字則代表肉質等級，主要看油脂的分佈、色澤等，其中 5 是最高等級。

至於日式燒肉則起源於朝鮮烤肉，日本殖民朝鮮後，一些當地的飲食習俗也傳入日本，結合明治維新後肉食風氣日盛，逐漸產生了日式燒肉。不過在 Nikushou 吃燒肉是不提供泡菜的，這與一般的日式燒肉店有所不同。

在 Nikushou 除了招牌的飛驒牛，還可吃到日本許多供應量稀少的銘柄和牛。我看了一下之前匆匆做的筆記，神戶、松阪、武州、琦玉、山形、橫濱等等，我幾乎做了一次日本和牛產地大巡禮。但牛舌是不能出口的，因此 Nikushou 用的是澳洲和牛牛舌，烤製後口感爽脆，味道濃郁，每次烤肉環節基本都是牛舌打頭陣。

燒肉既了得，那其他燒烤功夫也不可小覷，比如他們招牌的烤鰻魚配實山椒[6]，皮脆肉香，配上實山椒更凸顯出鰻魚的鮮甜。一時間食客口口相傳，成為城中最受好評的烤鰻魚。

除了燒肉以外，各類時令菜式是我反覆去 Nikushou 的另一動力所在。許多應季日本食材在其他餐廳很難見到，但與肉哥商

上｜脆皮鰻魚（攝於 Nikushou）

下｜炸海老芋配大閘蟹蟹粉及白松露（攝於 Nikushou）

量便有機會在此處吃到。而且肉哥十分瞭解這些食材，也知道如何合理烹飪。春季是吃野菜的季節，無論是遼東楤木芽（タラの芽）天婦羅，還是和牛花山椒火鍋（しゃぶしゃぶ），都讓人感受到春風拂面般的清新和溫暖。還有鮮美的竹筍、花山椒釜飯，不需要海鮮或肉類的搭配，這鍋飯已經鮮美無比。到了夏天我就跑去吃小香魚（稚鮎）天婦羅，在回甘中感受夏日的到來。秋天自然要吃秋刀魚，簡簡單單的刺身配上魚肝做的醬汁，肥潤中加入一絲苦味，反而更顯出魚肉的甜。冬日則是各類蟹料理的舞臺，深炸的海老芋放在加了黃酒調味的大閘蟹蟹粉中，糯軟的海老芋混著鮮美的蟹粉竟然如此和諧，是我印象非常深刻的一道菜。而整隻松葉蟹清蒸後拆現吃是我最喜歡的品蟹方式之一，蟹肉鮮嫩，汁水飽滿，吃的就是這原汁原味。當然做成蟹肉釜飯或者配上醋啫喱冷吃也是很不錯的選擇。

有時候雖然已經很飽，但還是忍不住要來一小份 Nikushou 咖喱牛肉飯，再配上肉哥母親獨門秘製辣椒醬，真是再飽也還能吃上一小碗。對我而言，Nikushou 就是一個輕鬆又美味的日本食堂，這裡的燒肉優秀，但美味的可遠不止燒肉！

Hansik Goo

讀中學時看《大長今》（대장금，Dae Janggeum），對韓餐產生了濃厚興趣，跑書店裡買了本菜譜，有樣學樣做起韓國泡菜來。但小城閉塞，二十年前如何會有什麼韓國餐館，未吃過韓國泡菜，如何把握得好製作效果呢？幸好市裡有間韓國人開的超

市，就去那兒買了一份他們自製的泡菜。那幾年在家裡做了好幾次韓國泡菜，連我母親都學會了，全家人竟都覺得味道不錯。那是我對韓國菜或朝鮮菜的最初體驗。

後來去北京讀大學，學校對面就有家叫首爾城的韓國烤肉。新生報到當日，辦完手續便與家人在那裡吃了晚餐。讀研究生時住在五道口，附近有很多韓國人聚居，各式韓餐雲集。學生黨打牙祭韓國烤肉再合適不過了，遇到自助放題的總要吃到扶牆而出才肯走。除此之外，參雞湯、韓國炸醬麵，以及炸雞店亦不少見，很多小店還是韓國人開的，加之北京朝鮮族不少，味道倒也算純正。

來了香港後，發現本地朝鮮菜或韓國菜無甚特別，主要還是親民的烤肉店為主。一般的烤肉店除了烤肉也做參雞湯、炸雞、海帶湯、大醬湯、各類海鮮餅或泡菜餅等常見的韓國食物。有時候想吃韓國菜我也會去，但並沒有哪一家餐廳是我一直回訪的。直到二〇二〇年夏天，Hansik Goo 開業，香港終於有了一家我幾乎每月都去的韓國餐廳了。

Hansik Goo 是首爾著名餐廳 Mingles 的主廚姜珉求（Kang Mingoo）在海外開設的第一家餐廳。

Mingles 既是主廚名字的諧音，亦是互相交融之意，點出了他烹飪上韓西交匯之風格。日式法餐亦或中法融合的風格我都熟悉，但韓式西餐確實是二〇一七年在首爾拜訪 Mingles 時才初次領略。在我看來，Mingles 對於韓國食材和烹飪手法的運用是較為含蓄的，除了最後主食可以選擇韓式的飯饌組合（반찬，Banchan）外，其他菜式仍以法餐為基礎。

而 Hansik Goo 走的是現代精緻韓餐路線，本質上應該稱之為「韓餐為體，西餐為用」，側重點與首爾總店有所不同。餐廳名字既可理解為「（姜珉）求的韓食」，又與韓文裡「一（Han）家人（Sikgoo）」同音，因此在菜品上希望傳遞出家人一同進餐的溫馨感。

　　香港店開業不久我便去了，第一次雖不覺驚豔，但整體水準超出我的預期，而且精緻韓國菜的出現在香港始終是填補空白的好事情，這之後就常回訪了。那時候餐廳還在擺花街舊址，一年後搬到了 The Wellington 現址。無論是舊店開業還是新址重開，姜珉求師傅都不懼隔離地飛到香港來主持大局，其對自己餐廳的愛惜和用心可見一斑。

　　搬來新址後，Hansik Goo 無論是菜品完成度和菜單的完整性，以及用餐環境都有了極大的提升，從此之後我幾乎每月必去。Hansik Goo 的駐店主廚是年輕的李相根（Steve Lee）師傅，他大學學的是烹飪藝術，畢業後服完兵役就去了澳洲工作，他在 Bentley 集團工作了六年，從小廚師做起一直做到澳洲老牌餐廳 Bentley Restaurant + Bar 的初級副廚。他坦言在加入 Mingles 之前，自己並未系統研究過本民族的飲食。不過良好的西餐訓練加上師父的指導，Steve 如今早已對現代韓餐了然於心，研發出來的菜品也越來越細膩平衡，令人喜愛。

　　韓國菜在烹飪技法的豐富度和區域的差異度上雖不突出，但食材運用和調味都有自己鮮明的特色。朝鮮半島四季分明，冬季寒冷，菜蔬匱乏，因而形成了獨特的泡菜文化；海產豐富，使得韓餐裡善用海帶海藻及各類海鮮。清淡口味和辛辣兼顧，令一頓

韓國菜可以有豐富的層次感。Hansik Goo 對香港韓餐格局的最大貢獻便是在烹飪的準確度上有很大提升；在傳統韓餐的基礎上又有所創新，一掃食客對於韓餐只有泡菜烤肉的刻板印象。

Hansik Goo 搬到新址後在菜單的安排上有了更強的使命感。早期姜珉求師傅和投資人將餐廳定義為較為輕鬆的現代韓餐廳，但香港食客對餐廳的預期遠高於此。於是姜師傅和團隊重新審視了 Hansik Goo 的定位，決定從各方面進行提升。自然菜品和菜單結構是最核心的部分，可以感受到 Hansik Goo 目前在菜單設計上希望讓食客在一頓飯的時間裡可以領略韓國各類烹飪技法和菜品特色。比如以傳統開胃小菜炸脆片（부각，Bugak）做開頭，又以黑芝麻茶食（다식，Dasik）和藥菓（약과，Yakgwa）結尾，便是香港其他韓國餐廳沒有的。

炸脆片可根據時令的不同，選用不同蔬菜裹上糯米麵糊酥炸而成，炸紫菜則是保留項目。開胃菜最忌油膩，這裡的炸脆片香脆爽口，毫不油膩；油炸後的麵糊如同一層海綿般附於食材上，蓬鬆酥香。這裡的茶食用黑芝麻碾碎後壓製而成，形如棋子嬌小可愛，味道香甜。藥菓是一種油炸的小甜點，和麵時加入香油、蜜糖、韓國清酒（청주，Cheongju）和薑汁，揉均勻後，壓成特定形狀再進行油炸。傳統上藥菓一般在秋收、婚慶等喜慶日子食用，形狀則以花模樣為主。不過現如今藥菓已經成為一種普通甜食，在超市即可買到。Hansik Goo 的版本十分小巧，是作為餐後小甜食上桌的。

新版菜單中一直有一道魚生菜式取名為「膾」（회，Hoe）。唐代李白《秋下荊門》有名句「此行不為鱸魚膾，自愛名山入剡

中」，鱸魚膾即是一道鱸魚魚生菜式。韓語保留了膾字「魚生」的古義。一句題外話，這裡的「剡中」指的便是我家鄉嵊州。

主廚會根據時令選擇不同的韓國漁獲製作生魚片，莫以為生魚片是日本特長，韓國魚生亦是別有一番風味。魚生配上苦椒醬（고추장，Gochujang，也可稱為「韓式辣椒醬」）或陳年泡菜，亦或紫蘇和小蔥，還有香油等，讓食客對魚生有了新的認知。

但作為現代韓餐，肯定需要有一些自己的烹飪邏輯，僅僅呈現傳統是不夠的。其中參雞湯（삼계탕，Samgye-tang）燉飯（Risotto）是最能體現這個理念的。這道菜在 Mingles 就出現過，落地香港後，進行過幾次不同的改版。夏天的版本湯水較多，食客在最後還可喝到幾口參雞湯，有淡淡回甘。秋冬的版本逐漸將湯汁收乾為淋在雞肉上的醬汁，配搭上也出現了如松露、蝦皮、香菇等不同食材，人參的味道也顯著變淡，主要蘊藏在燉飯裡。這道菜的雞肉處理得皮脆肉嫩，有類似炸雞的口感，這也是最初設計菜品時的一個考慮點。夏日炎熱，人參的回甘會讓食客感到清爽解膩；秋冬則將苦味降低，可以看出 Steve 在菜式規劃上的小心思。

另一個我很喜歡的菜是豆腐魚饅頭（만두，Mandu）。韓語裡的饅頭較中文原意更為寬泛，餃子和包子都可統稱為「饅頭」。這道菜取時令鮮魚身肉，挖出一部分魚肉與豆腐及蔬菜混合為餡料再釀入魚身，蒸熟後用火槍微炙，加入醋醬油汁（초간장，Cho Ganjang）即成。這道菜最精妙的地方在於醬汁酸度與魚肉的搭配，可以很好的激發出魚肉的鮮甜。Mingles 也有類似的菜品提供，但 Hansik Goo 的版本會使用更為韓式的香油（在醋醬

上｜冬日版本的參雞湯燉飯（攝於 Hansik Goo）

下｜夏日版本的參雞湯燉飯（攝於 Hansik Goo）

韓國炸雞（攝於 Hansik Goo）

油中），而不是具有歐洲風情的橄欖油。

　　饅頭之外也有餃子，那是一道用切得薄薄的蘿蔔肉做皮包製而成的韓牛餃子。這道菜製作費時費力，韓牛肉餡中除了一些蔬菜外，還需要加入韓牛肥油以平衡肥瘦比例；易折難包的蘿蔔肉需要小心處理，封口則是用澱粉。包好後上鍋蒸製，再與鮑魚一起放入碗中，最後倒入濃郁的韓牛骨湯。餃子皮爽餡兒香，骨湯濃郁，鮑魚軟嫩，可惜做工繁雜，一人僅得一隻餃子。

　　朝鮮半島的飲食文化最突出的特點便是發酵食材的運用，各類醬亦或五花八門的泡菜是韓餐中不可或缺的元素。在 Hansik Goo 可以吃到各類傳統泡菜，其中我最愛兩年窖藏的老泡菜，酸香平衡，較新鮮泡菜更為優雅。而對醬油（간장，Ganjang）、大

醬（된장，Doenjang）和苦椒醬的妙用是 Hansik Goo 的調味根基所在。

鹹口菜式運用這些醬自然不稀奇，但用在甜品裡就有點意思了。「醬的三重曲」（Jang Trio）這道甜品起源於 Mingles，在 Hansik Goo 則屬於追加菜品。這道甜品的基礎是法國燉蛋（Crème Brûlée），在製作燉蛋時加入了大醬，配上醬油漬過的美洲山核桃果仁，最後撒上苦椒醬製成的粉末，將醬香和淡淡的辣味與甜點結合在了一起。

精緻餐廳做街坊食物有時候會有意想不到的效果，因為精準的烹飪和充裕的烹飪時間將極大提升街坊菜式的完成度。比如 Hansik Goo 的韓式炸雞、海鮮餅及醬油蟹都非常美味，尤其是韓式炸雞和醬油大閘蟹，是我吃過最美味的版本。炸雞的關鍵在於皮脆肉嫩，與醬汁的融合要平衡而不可搶味，Hansik Goo 的柚子辣醬味道並不淡，卻與雞肉契合得很好，每次來都忍不住想吃。

開業僅兩年的 Hansik Goo 是一家還在進化中的餐廳，我相信後續的 Hansik Goo 將有更多精彩菜式獻給食客。另外，也希望精緻韓餐可以在香港的餐飲版圖上有更大的存在感。

Mosu

二〇一七年後就未去過首爾，據說這幾年精緻餐飲有了不少新發展。之前想著挑個長週末就可飛過去吃幾家餐廳，疫情以來所有旅行計劃都泡湯。幸好在這三年間香港的新餐廳零零散散開了不少，這其中就有一家首爾開過來的新店 Mosu。Mosu 的名字

來源於秋英（Cosmos），亦即大波斯菊的韓語音譯。主廚安成宰（Sung Anh）回憶說，小時候首爾舊居附近有一片美麗的秋英花田，二〇一五年他開設第一家餐廳——三藩市 Mosu——就取了此意象為餐廳命名。

Mosu 的香港分店開在新開幕的 M+ 博物館內，博物館或美術館邀請符合自身氣質的精緻餐飲品牌入駐並不是新鮮事，比如紐約現代藝術博物館（MoMA）中的 The Modern，以及畢爾巴鄂（Bilbao）古根海姆博物館（Museo Guggenheim Bilbao）中的 Nerua 等等。M+ 作為世界上規模最大的視覺藝術博物館之一，如何能不在餐飲上開闢新篇章呢？

在初次拜訪 Mosu 香港店之前，我對安師傅的烹飪風格瞭解頗少，只在網絡上看到過零星文字和圖片。本以為 Mosu 又會是家現代精緻韓國菜，吃完才發現大錯特錯。Mosu 的烹飪理念其實是以現代歐陸菜為基礎，巧妙而合理地融入以韓餐元素為主的東亞烹飪元素；本質上它並不是一家韓國餐館，韓餐只是主廚眾多文化背景中的重要一環。

安大廚生於首爾，但很小就移民去了美國。在他的童年記憶裡，有祖母親手烹製的美味佳餚，這些菜式既有從朝鮮帶來的傳統技法，又有殖民時期流傳下來的日本風味，加之父母在美國經營中餐，令他與東亞各國的烹飪都有了親密接觸。從伊拉克退役後，他開始了學廚生涯，從 The French Laundry 到 Benu，無論是經典名店，還是善於融合創新的現代派餐廳，都為他日後的創作打下了基礎。三藩市 Mosu 開店首年便獲得米其林一星，二〇一七年他將餐廳帶回首爾，並成功獲得了米其林二星。

一間餐廳的氣質最直觀的體現其實是在菜品本身，環境和服務自然有重要作用，但主廚可以百分百掌控的依舊是菜品。如果餐廳的理念和風格無法通過菜品有效傳遞，那麼其他元素都一定無法發揮應有的作用。

　　Mosu 讓我覺得優雅的地方並不在於菜品的小份上桌方式，而在於菜品的細節準確度和簡潔程度。比如第一道小菜紫菜卷甜蝦，看上去如同日本軍艦卷一般，入口才知有幾個不同的層次和味道組合，脆而香的紫菜包裹著綿軟鮮甜的蝦，而中間由雞蛋與土豆做成的蓉又增加了一道更厚實的味道，將整個菜的中段托起。最後回味中的酸漿菜味道則為口腔留下一段清新的尾韻。

　　再比如清蒸甘鯛魚配粉黃綠三色芥末，上桌的時候看上去既簡單又常見，似乎不會有什麼特別之處了。結果第一口便讓我驚歎，魚身的熟度把握得可謂完美，軟嫩多汁的魚肉在蕪菁泡菜帶來的微微酸味和芥末的淡淡辣味烘托下更顯鮮甜。一道菜的元素不需要太多，只要細節做到位，結構平衡便可在簡單中開出複雜體驗之花。

　　安師傅跟我說，隨著廚師團隊更為深入瞭解本地食材和烹飪，他們後續的菜品中或將融入更多的香港味道。融合二字在 Mosu 的語境下絕對是一個褒義詞。比如招牌的鮑魚「墨西哥卷餅」（Taco），這卷餅並不是玉米麵做的，而是用韓國油豆皮製作。油豆皮加工得酥脆，中間點上清香的紫蘇葉後放入煎香的鮑魚，上面撒著韓國岩苔（생감태，Gamtae），擠點炙烤過的青檸檬汁一起食用。鮑魚、紫蘇、苔菜和油豆皮都有各自獨特的香氣，綜合在一起後成為萬花筒般的味覺體驗。這道菜是體用結合

上｜蒸甘鯛魚配三色芥末（攝於 Mosu）

下｜鮑魚油豆皮卷餅（攝於 Mosu）

橡實麵配帕瑪森芝士及黑松露（攝於 Mosu）

的典型，既體現出主廚成長過程中兩種主要飲食文化，又將非常
接地氣的卷餅做出了精緻感。

再比如橡實一般會做成涼粉（도토리묵，Dotolimug）食用，
Mosu 以麵條形式呈現這一食材，調味和搭配上全然西式；配以
帕瑪森芝士和當季黑松露的橡實麵非常美味，不但毫無不和諧
感，而且味道濃郁，口感勁道讓人恍惚以為在吃意麵。

而用馬格利酒（막걸리，Makgeolli）發酵而成的年糕配以糖
漬意大利檸檬皮，俏皮有趣，將東西兩種味道相結合。檸檬皮的
淡淡回甘與年糕的軟糯香甜相得益彰。

有時候提升一道菜的層次往往需要仰仗一些小細節。比如
芝麻豆腐與海膽的結合在日本料理中常見，與出汁搭配也是常規

上｜馬格利發酵年糕（攝於 Mosu）

下｜軟奶油杏仁泡沫（攝於 Mosu）

思路。那如何呈現韓國特點呢？安師傅轉而將芝麻豆腐做成了包子皮，將海膽釀入其中形成了一個黑芝麻海膽饅頭。相較於兩種食材簡單堆砌的呈現方式，黑芝麻豆腐饅頭令兩種食材更為一體化，不再是游離的感覺。

甜品中有一道讓我印象非常深刻，奶凍和加了鹽的軟奶油，配上杏仁泡沫，最後的點睛是韓國香油。乳製品配鹽和橄欖油是常規操作，無甚新奇，但安師傅選用了韓餐裡更常用的香油，讓整個甜品的味道突破了傳統框架，香油突出的香氣與杏仁相糾纏，淡淡的鮮味更突顯出其他配料的清甜，是一種全新的體驗。

Mosu 的菜品味道是雋永而不突兀的，大部分菜沒有大開大合的刺激感，但平穩中卻有顯著的層次感和結構感。比如海帶冰淇淋，初入口只吃到焦糖牛奶和香草的味道，心想何來海帶蹤影？待嚥下肚去，口腔裡竟慢慢升起一股濃郁的海帶香氣。這是一種對味覺層次非常大膽的結構設計，因為一般主食材的味道需要在比較初級階段就呈現，不然食客可能會產生「食材味道不突出」的心裡預設。但安師傅顯然有自己的節奏安排，這也是讓我覺得 Mosu 十分有趣的一個地方。

那日吃完快要起身走的時候，主廚做了一枚小小的藥菓，說這是他祖母以前常做的小零嘴。一入口，香酥中透著淡淡薑味真是好吃。我想充滿美味的童年或許真的是人一生的財富，這些小時候的美好體驗會成為我們日後無盡的創作動力和克服困境的勇氣來源。

在沒有品嚐 Mosu 的菜品前，我心裡有個疑問，為何 M+ 會邀請 Mosu 入駐呢？初次拜訪後終於明白為何花落他家，因為 Mosu

的烹飪藝術在某種程度上與 M+ 的理念是十分契合的。這裡的菜品簡約、精準且優雅，現代卻不突兀；菜單結構看著波瀾不驚，但節奏流暢；菜品配置邏輯清晰，對於細節的把握令人驚歎。

香港店的駐店主廚 Shim Jung Taek 在東京若干家名餐廳修業多年，包括在岸田周三的米其林三星法餐廳 Quintessence。希望正式開業後，Mosu 都將繼續保持現有水準。

在充滿變數的大時代中，有人懷疑香港是否還是那個曾經的亞洲國際都會，我想答案是肯定的。從餐飲的發展而言，這幾年香港非但沒有衰退，反而更上了一層樓。相較幾年前，在香港現可找到更多不同風格的亞洲味道，一些空白亦被填補。希望在漫長歲月裡，香港可以繼續成為一個包羅萬象的城市，以開放和友善的態度接納新鮮血液，讓「亞洲國際都會」的稱號永遠名副其實。

註

1. 寫於二〇二二年二月末至三月初。
2. 一九三八至一九四四及一九四八至一九五七年兩度擔任泰國總理。
3. 鱔稿一詞源於三十年代，中環南園酒家托人寫稿賣大海鱔的故事。
4. 即由鰹魚花和海帶煮製而成的日本高湯。
5. 參見〈大師坐鎮〉一篇中的相關註解。
6. 實山椒為山椒母樹的果實。

燈火闌珊處，
杯盞不曾停 [1]

聚興家、容記小菜王、
增輝廚藝、高流灣海鮮火鍋、
火井火鍋海鮮飯店、
方榮記、亞南雞煲、
秀殿、避風塘興記

香港是個不夜城。

許多年前第一次來香港玩，在橋底辣蟹吃完飯出門，燈光一片明亮，銅鑼灣處處是人流，絲毫沒有入夜將息之感。及至看完夜場電影出來，人流稍減，卻依然不像一個進入午夜的城市。那時候的橋底辣蟹味道還是不錯的，夥計們見到自由行遊客十分熱情客氣，如今再去則已徹底淪為毫無追求的遊客打卡店。

來港工作後，有一年和朋友去香港紅磡體育館看五月天演唱會，結束已近午夜。由於下班後急匆匆趕赴現場，未曾吃飯，於是坐車到旺角找了間點心專門店吃夜宵。一開門進去，發現賓客滿座，還要與人拼桌，真不像是午夜時分。

香港是個永不停歇的城市，這裡的食肆亦覆蓋所有時間段，

從清晨到午夜，從午夜到凌晨，每一個飢腸轆轆的人都可以找到屬於自己的那份食物。雖然我不常吃夜宵，但有時候與 W 小姐看完演出，或者午飯吃得太飽把晚飯略過，睡覺前又突然飢餓難忍，此類情況下就要尋覓些夜宵了。

我家附近頗有些開到深夜的餐廳可供夜宵之用。比如近兩年逐漸廣為人知的聚興家便是一例。搬來香港後，一直住在太子附近，雖換過樓，卻未曾遠離。聚興家離我住處步行不須五分鐘，有時候與朋友想吃點輕鬆自在的小菜就來這裡。不過自從聚興家入選車胎人 [2] 後，晚餐時間需要提前預約，唯有夜宵時段則仍可直接入座。

主廚吳江橋先前在陶源酒家工作，雖不算名店出身，但入廚經驗豐富，且懂得相容並包、揚長避短。獨立開店以來吸引了一大批忠實客人，座上客不乏高級餐廳的名廚。因此坊間將聚興家稱為名廚的秘密夜宵聚集地。

這裡的乳鴿和鹽焗雞是每次訂檯都要預留的，若不預留則很有可能吃不到。鹽焗雞肉質滑嫩鮮香、調味適中，比許多大餐廳出品都要高出一大截。乳鴿則皮脆肉潤、多汁鮮美。說主廚相容並包是因為此處不單做港式小炒、廣東小菜，還兼有四川元素，例如酸菜石斑魚、口水雞及藤椒蒸鮮魚等。不過即便有麻辣元素在其中，主廚仍舊以突出食材原味為基本出發點，味濃而不失調、香鬱而不奪主，實在是妙。

店裡每日的海鮮都不同，可以在預訂時要求，亦可到店後再決定吃什麼。不過若是夜宵時間則適合點些小菜，比如生炒骨、果皮蒸鮑魚、肉末浸小唐菜、黃金豆腐、鹽水花甲及蝦醬通菜等

等，都是物美價廉者。

太子至深水埗一帶，此類小菜館頗多。比如容記小菜王和增輝廚藝亦都是以小炒大牌檔菜式見長，且開到很晚。容記小菜王面積較大，已經有些酒樓的意味了，客人多時菜品便不太穩定。不過炸蝦餅、容哥第一嘴和容記小炒等招牌菜式多是不會錯的。炸蝦餅用料十足，入口是蝦肉的鬆軟鮮滑，而不是澱粉味。容哥第一嘴其實是酥炸墨魚嘴，一口一個，爽脆有嚼勁，適合下酒。容記小炒則味濃開胃，適合配飯。增輝廚藝的環境較聚興家和容記小菜王都要簡陋，更有些大牌檔的意味。某日與 w 小姐外出辦事，至晚上沒來得及吃飯，回家路上經過增輝廚藝，便隨意進去點了辣酒煮花螺、花枝皮蛋、花甲豬肚湯和榴槤球等小菜，沒想到味道還挺好。尤其花枝皮蛋，將酥炸花枝的口感和皮蛋結合在一起，層層遞進，味道一層比一層濃郁，吃到皮蛋黃的時候，那種綿密口感將所有食材融合在一起，真是美味。

這兩年香港開了不少內地來的麻辣火鍋連鎖店，諸如海底撈、渝味曉宇、劉一手等川渝系火鍋店開始湧入香港市場。一方面，香港回歸後大量的新移民為內地麻辣火鍋創造了需求；另一方面，素以口味清淡的香港人似乎也開始偶爾吃些重口味食物了。不過若要以火鍋當夜宵，我並不贊同吃太過麻辣者。

除卻這些麻辣品牌，香港本身就有不少優質火鍋店。說來離奇，但香港人確實向來愛吃火鍋。粵語稱火鍋為「打邊爐」，取爐在人側，涮物為食之意。香港大大小小火鍋店成百上千，各個區域都有不錯的打邊爐去處。港式打邊爐多以清淡鍋底為主，例如骨湯、芫荽皮蛋湯、魚湯底等等；若要尋口味較重的，則可吃

上｜炸乳鴿（攝於聚興家）

下｜容記小炒（攝於容記小菜王）

沙嗲鍋底。清淡湯底者做夜宵較合適，吃完不易口乾舌燥、影響睡眠。

位於尖沙咀山林道（已搬遷）的高流灣海鮮火鍋是我經常去的火鍋店。最早是我姐帶我去的，那時候還未來港生活，只覺湯底清鮮、海鮮選擇多且品質高。在搬來香港後，我在此處也組織了幾次同學、同事聚餐。高流灣一直開到後半夜，但若不想吃閉門羹，最好提前訂位。章紅魚（高體鰤）幾乎是每桌必點的，選擇個頭在二至三公斤的為佳，過大則口感變差。此處的章紅魚是本港漁獲，魚體做刺身，或涮鍋，肉質爽口鮮美；魚骨、魚頭和魚尾則可做椒鹽，脆口美味，適合下酒。魚上桌時，往往魚嘴魚尾還有肌肉反應，讓人看了有些不適，若能切斷下脊柱神經則更好，不過對餐廳而言，這也算是漁獲生猛的無聲證詞了。

高流灣於二○○六年開業，取名自西貢一個同名的小海灣[3]。此處有個村落，居民以養魚維生。高流灣海鮮火鍋的老闆石飛便是本地人，他在多家火鍋酒樓工作學習多年後，終於決定以高流灣本地漁獲為招牌，開設一家海鮮火鍋店。沒想到甫一開業便大受歡迎，十數年來，因為高品質的湯底和海鮮，新老顧客日日盈門，生意興旺。因為客人多，所以象拔蚌、花蟹和龍蝦之類的需要提前打電話預留；高品質的本地黃牛肉也最好預留。不過我最愛高流灣的魚三角，滑嫩鮮美。

整體而言，高流灣的環境在一眾本土火鍋店中已算不錯，包廂整潔明亮，且有大房間可容納三十位客人。我在此地組織過幾次二十人以上的飯局，三四個火鍋橫著排過去，頗有架勢。

西環的火井火鍋海鮮飯店也是我和朋友常去的一家打邊爐

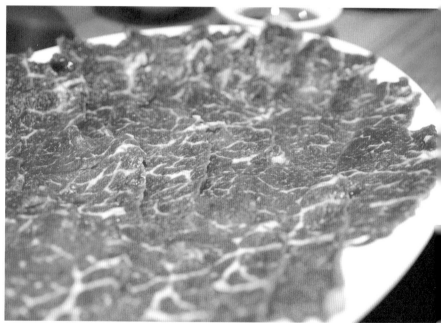

上｜章紅魚（攝於高流灣海鮮火鍋）

下｜本地牛肉（攝於火井火鍋海鮮飯店）

名店。前兩年李老闆將店面從原先的陋巷搬到了更為寬敞明亮的皇后大道西現址，雖然店舖不再位於火井巷中，但店名不改。開業三十多年來，火井一直生意興隆，環境提升之後，客人更是絡繹不絕。此處的本地牛肉和美國牛肉都十分美味，涮火鍋最佳，頗有牛味，一入鍋便香氣撲鼻。生猛海鮮更是品質保證，花竹蝦和魷魚都可直接先吃刺身，再當涮品。而我最愛的是此處的桂花蚌，煮完後飽滿鮮嫩，彈牙而不韌，吃起來十分過癮。到了別處我一般不點桂花蚌，常見到的是硬邦邦死灰色的冷凍貨，煮完腥氣撲鼻，難以下嚥。

若想吃些口味重的火鍋，我第一個想到的是九龍城的方榮記沙嗲牛肉專家。雖然「方榮記沙嗲牛肉專家」是餐廳全名，但食客都只以「方榮記」三字稱呼之。這家店立足九龍城已足足六十多年，從五十年代城寨中簡陋的潮州菜館起家，到後來偶爾給客人提供簡易清湯火鍋，打邊爐漸漸成了此處招牌。方榮記成為沙嗲火鍋代名詞則是在六十年代，沙嗲火鍋在當時只是幾種湯底選擇中的一味，沒想到食客最愛這一款，於是成為店內主打。不同於市面上稀稀拉拉的沙嗲湯底，方榮記的沙嗲十分香濃，透著濃郁的花生香氣，令人食慾大漲。

七十年代開始方榮記的名聲越來越響亮，創始人方少航為人豪放、善於交際，據說他擅長表演徒手提鍋、徒手取炭，成為席間著名的表演項目。方少航留著蓬鬆長髮，年歲大了頭髮白中透黃，因此被食客笑稱為「金毛獅王」，他本人也成為店中的一大招牌。八十年代時，坊間傳聞九龍城寨即將被拆除，方榮記決定搬出，最終定址在侯王道上。方少航先後買入了侯王道上相連

方榮記的沙嗲鍋

的三個店面，令方榮記有了長久經營的資本。寸土寸金的香港，唯有擁有自己店面的餐廳才能安心地經營下去。如今金毛獅王斯人已逝，經營的重任傳到了方家第二代方永烈和方永昌肩上，而方家第三代亦開始參與日常經營，方榮記的生意依舊紅火。

　　沙嗲鍋底與肥瘦勻稱的本地牛肉是最佳搭檔。方榮記的牛肉用開刀切法，切好後如蝴蝶展翅，肉片薄而易熟，放入鍋中數秒即可食用。本地牛肉既有口感，又有濃郁的牛肉香氣，配上個性突出的沙嗲鍋底，令人一吃難忘。雖然時代變遷，優質本地牛肉越來越難尋，但方榮記通過幾十年的積累建立了穩定的供應鏈，令食客仍可品嚐到鮮美肥嫩的本地黃牛肉。

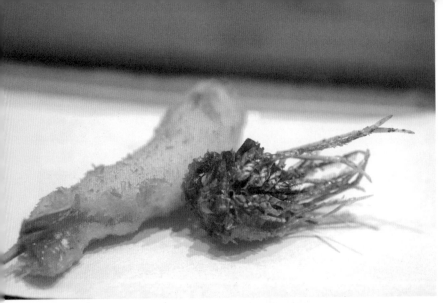

上｜日本對蝦炸串（攝於秀殿）

下｜炸雞翼（攝於秀殿）

如果想吃些海鮮，則要點鴛鴦鍋，配上個皮蛋芫荽清湯鍋底，才好涮海鮮。不然新鮮優質的海鮮入到沙嗲鍋裡味道全被蓋過，就太可惜了。這裡的新鮮魷魚、牛肉丸、各式魚蝦滑、本地花竹蝦和活鮑魚都品質突出，可作為吃沙嗲牛肉間隙的調節。

　　愛吃雞肉的，便可選擇吃雞煲，這是香港平民菜式中十分流行者，也是很好的夜宵選擇。香港的雞煲店星羅棋佈，各區都有廣受鄰里歡迎者，要說哪一家雞煲店全港最佳，則見仁見智。我平時常去家附近的亞南雞煲，這裡除了味道濃郁的麻辣雞煲、醬香雞煲外，還可以選擇花膠清湯雞煲、竹笙雞煲等口味清淡的品種，雞肉可選擇普通冰鮮，也可價格高些的新鮮雞，豐儉由人。吃完雞肉後，店家加些湯底進去，還可涮些海鮮、肉類和蔬菜吃，與吃火鍋無異。

　　除了中式夜宵，香港也有日式「深夜食堂」。銅鑼灣有一家叫秀殿的居酒屋，晚上七點才開門，週日開到凌晨兩點，平時除了週一休息外，都到凌晨四點半才收檔，可謂是徹頭徹尾的夜宵勝地。由於營業到深夜，而菜品又地道，因此很多日本廚師在下班後都會來這裡吃夜宵。

　　老闆小川泰明、經理 Tetsuya Ogata 和女主廚鈴木喜陽都是日本人，他們在港多年，粵語都不錯；Tetsuya Ogata 更在西安待過幾年，會說普通話。香港不缺優質的高級日本餐廳，但符合水準的小館子、居酒屋和各式小料理專門店就比較遜色，秀殿在某種程度上彌補了這一遺憾。

　　原先這裡主打日本家常西洋風料理，比如牛肉蛋包飯、芝士漢堡肉、日式咖喱牛肉等等。此處的蛋包飯醬汁濃郁鮮美，雞蛋

煎得恰到好處，上桌後用刀輕輕劃開，裡面是流心的，十分美味。

幾年前店子進行了裝修升級，主打項目變成了關西流行的炸串（串揚げ）。此處每日提供三十餘種炸串，外加許多居酒屋小菜，足以滿足食客對家常日式食物的渴望。我一向對炸串的興趣一般，相較天婦羅由於炸串的麵糊及外層麵包糠容易吸油，出品容易油膩，吃完負擔很重。不過秀殿的麵糊除了麵粉和水外，還加入了山芋泥，而麵包糠則磨得極細，使其不至於過度吸油，出品不油膩，可以多吃幾串。裏好的炸串放入一百八十度的豆油中炸製，靜置瀝油後再上桌，外皮酥脆，裡面的食材則維持在恰當的熟度和濕潤度。

食物以外，這裡有百多種日本燒酒、十多種梅酒及不少清酒可供選擇，若是日本燒酒愛好者，想必可以得到滿足。

夜宵攝取碳水化合物雖然十分罪惡，但飢腸轆轆時碳水化合物給人的滿足感非他物可比。比如避風塘興記的燒鴨腿湯河便是我心頭一好。一開始有朋友向我推薦這款河粉，經不起遊說前去一嚐，發現湯鮮鴨美，粉有嚼勁又吸收了湯的鮮味，三者融合得順暢，確實不錯。我身邊有不少朋友去避風塘興記吃夜宵甚至都不點炒辣蟹，就點這一味燒鴨腿湯河。但不湊巧時，燒鴨腿售罄，只能點燒鴨湯河，也能勉強應付。

這河粉都是店內手切，較市面更細，更容易吸收湯味；湯底用瑤柱和鴨骨同煮，鮮而不膩，是幾十年的功底。一九五七年，羅興在銅鑼灣避風塘開設興記食艇時，生滾粥和燒鴨粉就是艇上招牌菜式。九十年代中期，時代變遷，避風塘食肆紛紛上岸，興記亦結束了海上營業，在佐敦落腳，唯有店招牌和菜式仍保持當

上｜古法炒辣蟹（攝於避風塘興記）

下｜燒鴨腿湯河（攝於避風塘興記）

年風範。

湯河之外，這裡的古法炒辣蟹味道濃郁，蟹肉飽滿，較市面上流行的金沙炒法更妙。鹽水花甲鮮美飽滿，豉椒炒蜆惹味，油鹽水浸泥鯭肉質嫩滑，六小福簡單美味，其中的粉腸和韭菜花是我的心頭好。這裡常有明星在演唱會後來開慶功宴，牆面上佈滿明星簽名，卡位小的都不好意思往上寫自己名字。平日也多爆滿，夜越深人越多，是真正的夜宵勝地。

碳水化合物大概是最容易尋覓的夜宵。深夜肚子餓時，家裡冰箱空空如也，下樓去茶餐廳或麵檔吃一碗魚蛋粉、雲吞麵或牛雜麵倒也便捷美味……

香港還有無數可供深夜覓食之處。每個老饕心中都有自己的夜宵勝地，這單子是難以窮盡的。

午夜的香港街頭，並不空虛寂寞。燈火闌珊之處，觥籌交錯，杯盞不停。這個城市的味蕾和腸胃是永不睡眠的，飲食是一個二十四小時不間斷的香港故事。

註

1. 寫於二〇一九年五月；基於多次拜訪。
2. 又名「必比登」，是《米其林指南》授予食物質素不錯、價格經濟的餐廳的獎項。在港澳《米其林指南》中，必比登的消費標準是四百元港幣吃三道菜，但不包括飲品。
3. 又名「較流灣」。

餐應索引

店名	地址	電話
Le Salon de Thé de Joël Robuchon（圓方店）	尖沙咀柯士甸道西 1 號圓方 1 樓 1020B 號舖	2351 6678
浩記甜品館	土瓜灣道 237A 益豐大廈 111 號地舖	9530 1670
華星冰室（旺角店）	旺角西洋菜南街 107 號地下	2520 6666
紅茶冰室（旺角店）	旺角通菜街 186 號地舖	2670 6628
蘭芳園（中環店）	中環結志街 2 號	2544 3895/ 2854 0731
西記粥店（太子店）	太子太子道西 113 號地下	2380 9630
妹記生滾粥	旺角花園街 123A 號花園 街市政大廈 3 樓熟食中心 11-12 號舖	2789 0198
第一腸粉專賣店	太子砵蘭街 384 號地舖	2380 7790
一點心	太子通菜街 209A-209B 號地舖	2677 7888
鳳城酒家（太子店，已結業。）	太子彌敦道 749 號歐亞銀行 大廈 1-2 樓	2381 5261
蓮香樓（蓮香茶室）	中環威靈頓街 160-164 號	2544 4556
陸羽茶室	中環士丹利街 24 號地下至 3 樓	2523 5464
崩牙成	上環某處	非公開
鏞記酒家嚐真會所	中環威靈頓街 32-40 號鏞記 酒家 8 樓嚐真會所	2523 4686
新同樂魚翅酒家	尖沙咀彌敦道 132 號 Mira Place 食四方 4 樓 401 號舖	2152 1417

類別	米其林	Best 50	攜程美食林
法國菜 / 小吃 / 麵包 / 咖啡			
小吃 / 甜品			
茶餐廳			
茶餐廳			
茶餐廳			2021 攜程美食林銀牌
粥舖			
粥舖			
腸粉店			
點心 / 小吃			
粵菜			
粵菜 / 茶樓			2021 攜程美食林銀牌
粵菜 / 茶室			2021 攜程美食林金牌
粵菜			
粵菜			2021 攜程美食林金牌
粵菜	2022 米其林二星		2021 攜程美食林鉑金

福臨門（灣仔）	灣仔莊士敦道 35-45 號利文樓地下 3 號舖	2866 0663
家全七福	灣仔駱克道 57-73 號香港華美粵海酒店 3 樓	2892 2888
大班樓	中環九如坊 18 號地舖	2555 2202
龍景軒	中環金融街 8 號四季酒店 4 樓	3196 8880
嘉麟樓	尖沙咀梳士巴利道 22 號香港半島酒店 1 樓	2696 6760
欣圖軒	尖沙咀梳士巴利道 18 號香港洲際酒店地下（2022 年酒店重新開業，改回舊名：香港麗晶酒店）	2313 2323
尚興潮州飯店	上環皇后大道西 29 號 /33 號地舖	2854 4557/2854 4570/2544 8776
樂口福酒家	九龍城侯王道 1-3 號	2382 7408
創發潮州飯店	九龍城城南道 60-62 號	2383 3114
金燕島潮州酒樓	尖沙咀寶勒巷 18 號香港粵海酒店 1-2 樓	2322 0020
好酒好蔡	中環干諾道中 3 號中國建設銀行大廈 5 樓全層	2115 3388
好蔡館	太子廣東道 1237 號地舖	2215 0150
天香樓	尖沙咀柯士甸路 18 號 C 僑豐大廈地舖	2366 2414
杭州酒家	灣仔莊士敦道 178-188 號華懋莊士敦廣場 1 樓	2591 1898
留園雅敍	灣仔駱克道 54-62 號博匯大廈 3 樓	2804 2000
浙江軒	灣仔駱克道 300-306 號僑阜商業大廈 1-3 樓	2877 9011

粵菜	2022 米其林一星		2021 攜程美食林鉑金
粵菜	2022 米其林一星	2021 亞洲第四十八	2021 攜程美食林金牌
粵菜	2022 米其林一星	2021 亞洲第一 / 世界第十 /2022 亞洲第五	2021 攜程美食林鑽石
粵菜	2022 米其林三星	2021 亞洲第四十七	2021 攜程美食林黑鑽
粵菜	2022 米其林一星		2021 攜程美食林鉑金
粵菜	2022 米其林二星		2021 攜程美食林鑽石
粵菜 / 潮汕菜			2021 攜程美食林銀牌
粵菜 / 潮汕菜			
粵菜 / 潮汕菜			
粵菜 / 潮汕菜			
粵菜 / 潮汕菜			2021 攜程美食林黑鑽
粵菜 / 潮汕菜			
浙江菜 / 杭幫菜			2021 攜程美食林金牌
浙江菜			2022 攜程美食林銀牌
淮揚菜 / 本幫菜	2022 米其林一星		2021 攜程美食林金牌
浙江菜 / 淮揚菜	2022 米其林一星		2021 攜程美食林銀牌

泰豐樓	尖沙咀漆咸道 29-31 號溫莎大廈	2366 2494
阿純山東餃子	太子荔枝角道 60 號地舖	2789 9611
有緣小敘	佐敦文苑街 36 號地舖 / 中環和安里 14-15 號地下 B 舖（中環分店）	5300 2682/5296 6630（中環分店）
巴依餐廳	西環水街 43 號地下	2484 9981
鹿鳴春（已結業）	尖沙咀麼地道 42 號 1 樓	2366 4012/ 2366 5839
富臨飯店阿一鮑魚	銅鑼灣告士打道 255-257 號信和廣場 1 樓	2869 8282
新漢記飯店	粉嶺聯和墟和豐街 28 號囍逸商場 地下 G01 號舖	2683 0000
唐人館（置地廣場）	中環皇后大道中 15 號置地廣場 4 樓 411-413 號	2522 2148
永	上環威靈頓街 198 號 The Wellington 29 樓	2711 0063
新榮記（香港分店）	灣仔駱克道 138 號中國海外大廈地 下及一樓	3462 3516/ 3462 3518
甬府（香港分店）	灣仔駱克道 20-24 號金星大廈地下 2 號舖及 1 樓	2881 7899
鄧記川菜	尖沙咀梳士巴利道 18 號 Victoria Dockside K11 Musea 4 樓 412-413 號舖	2545 3288
鄧記	灣仔皇后大道東 147-149 號威利商 業大廈 2 樓	2609 2328
Bo Innovation 廚魔	灣仔莊士敦道 60 號 J Senses 1 樓 平臺 8 號舖	2850 8371
VEA	中環威靈頓街 198 號 The Wellington 29 至 30 樓	2711 8639

魯菜 / 北京菜 / 官府菜			
魯菜 / 餃子 / 小吃			
陝西菜 / 麵食 / 小吃			
新疆菜			
魯菜 / 北京菜 / 官府菜			
粵菜	2022 米其林三星		2021 攜程美食林鉑金
客家菜			
粵菜 / 融合菜			2021 攜程美食林銀牌
粵菜 / 融合菜		2022 亞洲第三十四	
浙江菜 / 台州菜	2022 米其林一星		2021 攜程美食林鉑金
浙江菜 / 寧波菜	2022 米其林一星		2021 攜程美食林金牌
四川菜			
四川菜			2021 攜程美食林銀牌
創意菜 / 融合菜 / 分子料理	2022 米其林二星		2021 攜程美食林鉑金
法國菜 / 融合菜	2022 米其林一星	2021 亞洲第十六	2021 攜程美食林金牌

Le Jardin/ L'Atelier de Joël Robuchon	中環皇后大道中 15 號置地廣場 4 樓 401 號舖	2166 9000
Krug Room	中環干諾道中 5 號香港文華東方酒店 1 樓	2825 4014
Amber	中環皇后大道中 15 號置地文華東方酒店 7 樓	2132 0066
Ta Vie 旅	中環皇后大道中 74 號石板街酒店 2 樓	2668 6488
8 1/2 Otto e Mezzo Bombana	中環遮打道 18 號歷山大廈 2 樓 202 號舖	2537 8859
Da Domenico	銅鑼灣銅鑼灣道 25 號地下	2882 8013
Carbone	中環蘭桂坊雲咸街 33 號 LKF Tower 9 樓	2593 2593
MONO	中環安蘭街 18 號 5 樓	網絡預約
Andō	中環威靈頓街 52 號 Somptueux Central 1 樓	9161 8697
太平館餐廳（中環）	中環中環士丹利街 60 號地舖	2899 2780
Gaddi's	尖沙咀梳士巴利道 22 號香港半島酒店 1 樓	2696 6763
Felix	尖沙咀梳士巴利道 22 號香港半島酒店 28 樓	2696 6778
Caprice	中環金融街 8 號香港四季酒店 6 樓	3196 8860/ 3196 8888
L'Envol	灣仔港灣徑 1 號香港瑞吉酒店 3 樓	2138 6818
Pierre（已結業）	中環干諾道中 5 號香港文華東方酒店 25 樓	

法國菜	2022 米其林三星		2021 攜程美食林鑽石
法國菜 / 融合菜 / 創意菜			2021 攜程美食林金牌
法國菜 / 融合菜	2022 米其林二星	2021 亞洲第三十七	2021 攜程美食林鑽石
法國菜 / 融合菜 / 創意菜	2022 米其林二星	2021 亞洲第三十八	2021 攜程美食林金牌
意大利菜	2022 米其林三星	2021 亞洲第三十三 / 2022 亞洲第四十八	2021 攜程美食林鑽石
意大利菜			
意大利菜 / 美式意大利菜			
融合菜 / 南美菜 / 現代歐陸菜	2022 米其林一星	2021 亞洲第四十四 / 2022 亞洲第三十二	2021 攜程美食林金牌
融合菜 / 現代歐陸菜 / 南美菜	2022 米其林一星		2021 攜程美食林金牌
中式西餐			
法國菜	2022 米其林一星		2021 攜程美食林金牌
融合菜 / 現代歐陸菜			
法國菜	2022 米其林三星	2021 亞洲第二十八 / 2022 亞洲第二十四	2021 攜程美食林鉑金
法國菜	2022 米其林二星		
法國菜 / 現代歐陸菜			

Estro	中環都爹利街 1 號 2 樓	9380 0161
Neighborhood	中環蘇豪荷李活道 61-63 號地舖	2617 0891
22 Ships	灣仔船街 22 號地下	2555 0722
珀翠餐廳（Petrus）	金鐘金鐘道 88 號太古廣場二座港島香格里拉酒店 56 樓	2820 8590
Arbor	中環皇后大道中 80 號 H Queen's 25 樓	3185 8388
The Araki	尖沙咀廣東道 2A 號富衛 1881 公館前馬廐地下	3988 0000
すし志魂（Sushi Shikon）	中環皇后大道中 15 號置地文華東方酒店 7 樓	2643 6800
天空龍吟（已搬遷）		
鮨まさたか（Sushi Masataka）	灣仔活道 18 號萃峰地舖	2574 1333
Godenya	中環威靈頓街 182 號地舖	無
RŌNIN	中環安和里 8 號地舖	2547 5263
Yardbird	上環永樂街 154-158 號地舖	2547 9273
Samsen 泰麵	灣仔石水渠街 68 號地下	2234 0001
千日里	中環干諾道中 5 號香港文華東方酒店 1 樓	2825 4009
New Punjab Club	中環雲咸街 34 號世界商業大廈地下	2368 1223
Chaat	尖沙咀梳士巴利道 18 號香港瑰麗酒店 5 樓	5239 9220

意大利菜		
現代歐陸菜 / 融合菜		2021 亞洲第十七 / 2022 亞洲第九
西班牙菜		2021 攜程美食林銀牌
現代歐陸菜 / 融合菜	2022 米其林一星	2021 攜程美食林金牌
融合菜 / 北歐菜 / 現代歐陸菜	2022 米其林二星	2021 攜程美食林金牌
日本料理 / 壽司	2022 米其林一星	2021 攜程美食林鑽石
日本料理 / 壽司	2022 米其林三星	2021 攜程美食林鑽石
日本料理 / 會席 / 割烹		2021 攜程美食林鉑金
日本料理 / 壽司		
日本料理 / 割烹 / 清酒吧		
日本料理 / 融合菜 / 割烹 / 威士忌吧		
日本料理 / 燒鳥 / 融合菜	2022 米其林一星	
泰國菜		2021 攜程美食林銀牌
威士忌餐吧		
印度菜 / 印度旁遮普菜	2022 米其林一星	2021 攜程美食林銀牌
印度菜	2022 米其林一星	

鮨齋藤（香港店）	中環金融街 8 號香港四季酒店 45 樓 A 號舖	2527 0811
寿し雲隠（Sushi Kumogaku）	中環砵典乍街 45 號 The Steps · H Code 8 樓	6596 9170
Nikushou	銅鑼灣耀華街 38 號 Zing! 22 樓	2387 2878
Hansik Goo	中環威靈頓街 198 號 The Wellington 1 樓	2798 8768
Mosu（香港店）	尖沙咀西九文化區博物館道 38 號 M+ 3 樓	
聚興家	太子砵蘭街 418 號地舖	2392 9283
容記小菜王	太子太子道西 123 號地舖	2363 9380
增輝大排檔 & 增輝廚藝	深水埗石硤尾街 31-33 號地舖	2778 8103
高流灣海鮮火鍋酒家	尖沙咀寶勒巷 6-8 號盈豐商業大廈 2 樓	3619 6488
火井火鍋海鮮飯店	西環石塘咀皇后大道西 419 號地舖	2547 4508
方榮記沙嗲牛肉專家	九龍城侯王道 85-87 號地舖	2382 1788
秀殿	銅鑼灣渣甸街 54 號富盛商業大廈 3 樓 D 室	2504 1511
亞南鷄煲	太子花園街 211 號地下	2392 6100
避風塘興記	尖沙咀彌敦道 180 號寶華商業大廈 1 樓	2722 0022

日本料理 / 壽司	2022 米其林一星	
日本料理 / 壽司		
日本料理 / 燒肉 / 割烹		2021 攜程美食林金牌
韓國菜	2022 米其林一星	
現代歐陸菜 / 融合菜		
粵菜 / 大排檔		
粵菜 / 大排檔		
粵菜 / 大排檔		
火鍋 / 打邊爐 / 海鮮		2021 攜程美食林金牌
火鍋 / 港式打邊爐		
火鍋 / 沙嗲火鍋 / 打邊爐		
炸串 / 居酒屋		
雞煲 / 火鍋		
粵菜 / 海鮮 / 小吃		2021 攜程美食林金牌

參考書目

《蔬食譜、山家清供、食憲鴻秘》，（宋）陳達叟、（宋）林洪、（清）朱彝尊著，《藝文叢刊》叢書，浙江人民美術出版社，二〇一六年十月第一版第一次印刷。

《隨園食單》，（清）袁枚著，張萬新譯，中信出版社，二〇一八年八月第一版第一次印刷。

《中國點心》，陳榮著，陳湘記書局。未標明出版時間，應為舊版之合訂翻印本。

《入廚三十年》一至四卷，陳榮著，陳湘記書局。未標明出版時間，應為舊版之合訂翻印本。

《雅舍談吃》，梁實秋著，《雅舍全集》叢書，武漢出版社，二〇一三年八月第一版，二〇一七年一月第二次印刷。

《食經》（二卷），陳夢因著，陳夢因食文化精品系列叢書，百花文藝出版社，二〇〇九年一月第一版，二〇一三年二月第三次印刷。

《中國名菜譜》第四輯《廣東名菜點之一》，商業部飲食服務業管理局編，一九五九年四月輕工業出版社第一版第三次印刷，一九六二年七月中國財政經濟出版社新版，一九六三年九月第二次印刷。

《中國名菜譜》第五輯《廣東名菜點之二》，商業部飲食服務業管理局編，一九五九年八月輕工業出版社第一版第二次印刷，一九六二年七月中國財政經濟出版社新版，一九六三年九月第二次印刷。

《杭州菜譜》，杭州市飲食服務公司編，一九七七年五月出版。

《北京全聚德名菜譜》，北京全聚德烤鴨店編，北京出版社，一九八二年七月第一版第一次印刷。

《北京四川飯店菜譜》，陳松如編著，四川科學技術出版社，一九八八年十二月第一版第一次印刷。

《中國名菜集錦》（全九卷），主婦の友社、廣東飲食服務公司、四川省蔬菜飲食服務公司、北京市友誼商業服務總公司及上海市飲食服務公司編著，昭和五十七年（一九八二年）三月一日第一版第一次印刷。

《成都通覽》，（清）傅崇榘編著，現代重排標點本，成都時代出版社，二〇〇六年一月第一版第一次印刷。

《中國料理宴席料理》，陳建民、黃昌泉、原田治合著，柴田書店，昭和五十一年（一九七六年）十二月十日發行。

《蘭齋舊事與南海十三郎》，江獻珠著，萬里機構，二〇一四年八月第一版第一次印刷。

《家饌》（一至三卷），江獻珠著，重慶出版社，二〇一六年一月第一版第一次印刷。

《家饌》（四至五卷），江獻珠著，萬里機構‧飲食天地出版社，二〇一一年四月第一版第一次印刷。

《食物與廚藝》（三卷），（美）哈羅德‧馬基著，邱文寶、林慧珍、蔡承志譯，北京美術攝影出版社，二〇一三年八月第一版，二〇一五年十月第四次印刷。

《廚與藝：日本料理神人的思考與修鍊——日本料理神髓》，（日）小山裕久著，趙韻毅譯，漫遊者文化事業股份有限公司，二〇一五年三月第二版第五次印刷。

《蒙元入侵前夜的中國日常生活》（插圖本），（法）謝和耐著，劉東譯，圖史系列叢書，北京大學出版社，二〇〇八年十二月第一版，二〇一七年三月第七次印刷。

《鹹酸苦辣甜——七哥自傳》，徐維均口述，屈穎妍撰文，星島雜誌集團有限公司，二〇一八年七月第一版第一次印刷。

《金漆招牌》（第二卷），張宇人著，萬里機構‧萬里書店，二〇一六年十月第一版第一次印刷。

《金漆招牌》（第三卷），張宇人著，萬里機構‧萬里書店，二〇一七年六月第一版第一次印刷。

《壽司技術大全》，（日）目黑秀信著，李友君譯，萬里機構‧萬里書店，二〇一五年四月第一版第一次印刷。

《日本料理　龍吟》，（日）山本征治著，高橋書店，二〇一四年八月十日發行。

《米芝蓮名廚私房料理——50個讓小廚房擇星的秘密》，陳勇著，明窗出版社，二〇一五年二月第一版第一次印刷。

《十解日本料理——給美食家的和食入門書》，（日）高橋拓兒著，蘇暐婷譯，麥浩斯出版，二〇一四年六月第一版第一次印刷。

《香港澳門米芝蓮指南》（2009-2022），二〇〇八至二〇二二年米芝蓮指南出版。

Thai Food，（澳）David Thompson，Ten Speed Press 及企鵝圖書澳大利亞分公司，二〇〇二年八月第一版，二〇一〇年一月印刷。

責任編輯
　李宇汶
書籍設計
　姚國豪

書名
　香港談食錄──環宇美食
作者
　徐成

出版
　三聯書店（香港）有限公司
　香港北角英皇道 499 號北角工業大廈 20 樓
　Joint Publishing (H.K.) Co., Ltd.
　20/F., North Point Industrial Building,
　499 King's Road, North Point, Hong Kong
香港發行
　香港聯合書刊物流有限公司
　香港新界荃灣德士古道 220-248 號 16 樓
印刷
　美雅印刷製本有限公司
　香港九龍觀塘榮業街 6 號 4 樓 A 室
版次
　2022 年 6 月香港第一版第一次印刷
規格
　大 32 開（140mm x 200 mm）304 面
國際書號
　ISBN 978-962-04-4961-1

三聯書店
http://jointpublishing.com

JPBooks.Plus
http://jpbooks.plus